LES TUEURS DE LIONS

ET DE

PANTHÈRES

CHASSES ET GIBIER D'ALGÉRIE

ÉTUDES CYNÉGÉTIQUES EN FRANCE

PAR

LE COMMANDANT P. GARNIER

Ancien élève de l'École polytechnique — Officier de la Légion d'honneur

AVEC UNE

PRÉFACE DE JOSEPH LA VALLÉE

PARIS

AUGUSTE AUBRY, LIBRAIRE-ÉDITEUR

16, RUE DAUPHINE

1868

LES

TUEURS DE LIONS

ET DE

PANTHÈRES

LES
TUEURS DE LIONS

ET DE
PANTHÈRES

CHASSES ET GIBIER D'ALGÉRIE

ÉPISODES CYNÉGÉTIQUES EN FRANCE

PAR

LE COMMANDANT P. GARNIER

Ancien Élève de l'École polytechnique, Officier de la Légion d'honneur

AVEC UNE

PRÉFACE DE JOSEPH LA VALLÉE

———

ÉVREUX

DE L'IMPRIMERIE D'AUGUSTE HÉRISSEY

—

1868

PRÉFACE

Vérité! vérité! où donc te caches-tu? En
quel profond abîme as-tu donc établi ta demeure? Quelque sujet qu'on aborde, on n'y
rencontre qu'erreur, que contradiction et que
doute. Rien n'est certain même en morale.
Les liens de la famille, les droits de la propriété, sont attaqués par quelques penseurs
comme des puérilités auxquelles ne doit point
s'arrêter l'homme d'un esprit ferme. En histoire on révoque tout en doute : les mêmes
faits sont racontés de vingt manières diffé-
rentes ; les caractères sont appréciés par
chacun suivant ses propres passions. Quelques écrivains semblent avoir pris à tâche,

pour tout niveler, de salir tout ce que la
postérité a considéré comme grand, de réha-
biliter tout ce qu'elle flétrit comme odieux
et comme criminel. L'assassin du maître de
Saint-Jacques, don Pèdre le Cruel, n'est plus
un tyran à leurs yeux, c'est simplement un
prince sévère. Blanche de Bourbon, que les
chants nationaux de l'Espagne célèbrent
comme un modèle de pudeur, de résignation
et de chasteté, est présentée par les autres
comme une épouse infidèle, brûlant pour son
beau-frère d'une flamme incestueuse. Borgia
n'est plus simoniaque et empoisonneur, c'est
un petit saint indignement calomnié!

Quand les écrits des historiens, et souvent
même de ceux qui vivaient à l'instant où les
faits se sont passés, présentent une telle con-
fusion sur le caractère et sur les actes des
personnes, comment voudrait-on qu'en histoire naturelle on trouvât des appréciations
plus exactes du caractère des races d'animaux. Le plus souvent le naturaliste n'a pas
vu ou n'a pas examiné les êtres dont il parle.
Il ne fait que répéter les récits des voyageurs,

qui souvent ne font eux-mêmes que rapporter les croyances puériles ou superstitieuses des populations qu'ils ont visitées. Lorsqu'ils ont vu par eux-mêmes, ils ont pu tirer de fausses conséquences des faits qu'ils ont mal appréciés. Ils ont pu de bonne foi induire le naturaliste en erreur; plus souvent encore ils ont eu le désir d'attirer l'attention. Cet amour instinctif du merveilleux, qui nous domine tous, a pu les entraîner à altérer la vérité, et ce proverbe est vieux comme le monde : *A beau mentir qui vient de loin.* Les récits des chasseurs forment aussi nécessairement une des sources auxquelles les naturalistes sont contraints de puiser. Je ne voudrais pas jeter de pierres à mes confrères en Saint-Hubert; je sais par expérience que la plupart d'entre eux sont véridiques et se feraient un cas de conscience de donner de faux renseignements. Cependant le proverbe existe : *Il est de la confrérie de Saint-Hubert; il n'enrage pas pour mentir.* Quelques-uns ne voient qu'un jeu d'esprit dans les exagérations auxquelles ils se livrent, et souvent en effet les

bourdes qu'ils content n'ont pas d'autre portée. Dans une soirée passée au Louvre, le duc
de Guise et Bassompierre avaient parié à qui
ferait le mensonge le plus invraisemblable.
« Moi, dit le duc de Guise, j'avais une chienne
« tellement ardente et d'une vitesse si prodi-
« gieuse, que, soufflant au poil d'un lièvre,
« elle s'engagea dans une coulée où celui-ci
« venait de passer. Malheureusement, une
« forte ronce se trouvait en travers; l'élan
« de ma chienne fut tellement impétueux,
« qu'elle se coupa par le milieu du corps sur
« l'obstacle qu'elle rencontrait. » Comme
tous les auditeurs se récriaient. « Palsembleu,
« mes seigneurs, dit Bassompierre, j'y étais,
« et vous ne savez pas encore le plus mer-
« veilleux de l'affaire; l'élan de la chienne
« était tellement rapide, que le train de de-
« vant conserva l'impulsion qu'il avait reçue,
« et continua à courir jusqu'à ce qu'il eût
« gueulé le lièvre. »

C'est en riant que l'on faisait ces contes à
dormir debout; mais ne trouvons-nous pas
dans les auteurs sérieux des contes tout aussi

ridicules. Que n'a-t-on pas dit à propos du cerf? Il fait, raconte Oppien, la guerre aux serpents, et, lorsqu'il a été mordu par ces reptiles, il va pour se guérir manger des écrevisses. Le loup, écrivent d'autres auteurs, doit sa férocité à ce qu'un serpent se forme dans ses reins. Un auteur que l'on consulte encore, le sire de Clamorgan, se rend garant de ce fait impossible : « J'ay, dit-il, trouvé « des serpents dans les reins de loups que je « venois de tuer. » Un siècle plus tard, Habert, dans son poëme de la *Chasse au loup,* s'approprie le même mensonge, car il dit avoir vu une chose impossible :

Je ne veux oublier ce que mes yeux ont veu
Et que peu de veneurs et seigneurs ont sceu :
C'est qu'un grand loup ayant donné bien de la peine
Après avoir couru bois, monts, rochers et plaine,
Enfin pris et tué, chacun fut estonné
De le voir maigre et sec; sans dessein fut donné
Un coup à ses roignons, l'on veit soudain en vie
De petits serpenteaux qui firent leur sortie.
Dessus l'heure on jugea qu'ils l'eussent fait mourir,
Et que l'emmaigrissant ne se pouvoit nourrir

Si, quand on lit de semblables erreurs

1.

accréditées à propos d'animaux que nous
voyons tous les jours, combien ne doit-il pas
en exister lorsqu'il est question de bêtes féroces confinées dans des contrées étrangères,
d'animaux dont la force et la cruauté inspi-
rent assez de crainte pour que peu de personnes recherchent leur voisinage. Les naturalistes les observent, mais du plus loin qu'ils
peuvent; il n'est donc pas étonnant que jusqu'à ce jour les caractères, les instincts du
lion et de la panthère aient été l'objet des
jugements les plus contradictoires. Donner
sur leurs caractères des renseignements posi-
tifs, s'appuyer toujours sur des faits certains,
sur des données irrécusables, était une tâche
difficile ; c'est cependant celle qu'a entreprise
M. le commandant Garnier. Mais tout n'est
pas d'entreprendre un travail, il faut être
placé dans les conditions particulières qui en
rendent l'accomplissement facile.

Ancien élève de l'École polytechnique,
habitué par conséquent aux raisonnements
serrés, aux déductions précises, dont l'étude
des sciences exactes fait contracter l'habi-

tude, il a cette rectitude de jugement nécessaire pour la recherche de la vérité. Pendant
quatorze années il a habité le nord de l'Afrique, et s'est constamment trouvé en rapport
avec les chefs des tribus arabes ou kabyles,
avec les directeurs des bureaux arabes, avec
les chasseurs du pays, soit indigènes, soit
européens; il a donc pu recueillir, dans ce
long espace de temps, tous les renseignements, toutes les opinions. Chasseur lui-
même et connaissant les ressources que présente l'emploi des armes à feu, il n'a pu
se laisser éblouir par la forfanterie de quelques récits, et n'ayant jamais ambitionné
pour son compte l'honneur de combattre les
grands félins, aucun sentiment d'amour-
propre n'a pu égarer son jugement. Ce qu'il
rapporte sur les habitudes de la panthère et
du lion doit donc être regardé comme parfaitement exact. Ces premières données une
fois posées, il est tout naturel d'en déduire
le mode de chasse qui devra amener le
meilleur résultat. Mais d'abord il faut écarter
de la question une singulière proposition que

de nos jours on a mise en vogue. La chasse
du lion, disent quelques personnes, doit être
un *duel loyal* entre le chasseur et cette bête
féroce. Un duel loyal contre le lion! Comment des gens raisonnables ont-ils pu se
laisser prendre à cet abus de mots? Qu'est-ce
donc que la loyauté? C'est l'accomplissement
scrupuleux de la parole donnée, lorsque
nulle sanction ne peut vous contraindre et
que l'exécution est purement volontaire. C'est
le dévouement du soldat à son drapeau, c'est
la fidélité du sujet à son prince, même dans
les jours d'infortune. Peut-il exister quelque
chose de semblable entre le chasseur et l'animal féroce? Mais, dira-t-on, il y a aussi la
loyauté dans les combats, et les chevaliers
déclaraient déloyale toute infraction aux con-
ventions spécialement arrêtées pour chaque
tournoi, ou bien tout manquement aux lois
générales de la chevalerie. Hé bien! qu'y a-
t-il là de commun avec une chasse au lion?
Est-ce que par hasard le *Rosier des guerres*
contiendrait un chapitre concernant les combats contre les animaux féroces? Non, direz-

vous; mais il existe des principes d'honneur
et de générosité qui régissent tous les combats, et qui sont adoptés dans tous les temps
et dans tous les pays. Demandez donc à un
boxeur anglais s'il est permis de frapper
autrement qu'avec le poing; il vous dira
qu'un coup de pied est un acte déloyal. Inter-
rogez en France les maîtres de pugilat, ils
vous répondront qu'il est permis, pour se
défendre, de frapper des pieds, des mains et
de la tête. Vous parlez de loyauté : et qu'avez-
vous donc promis au lion? que vous a-t-il
promis lui-même? car tout duel suppose un
engagement réciproque. Croyez-vous que si
le lion vous voit, il viendra volontiers s'exposer à vos coups; ou s'il vous aperçoit le premier, avant que vous ayez pu faire usage de
vos armes, croyez-vous que, par respect pour
la loi du duel, il se fera le moindre scrupule
de vous croquer? Vous n'avez rien à attendre
de lui, et par réciprocité, il n'a droit à rien
espérer de vous. Comment, vous vous cachez
pour guetter à l'affût un pauvre lièvre, vous
vous blottissez dans une hutte pour tirer à

portée les oiseaux d'eau que vos moquettes et vos appelants auront perfidement amenés près de vous, et certainement l'idée n'est venue à personne de considérer ce fait comme *déloyal*. Pourquoi l'acte de vous cacher à l'affût pour tuer un lion deviendrait-il indigne d'un galant homme? Pourquoi le blâmerait-on lorsqu'il est question de détruire un animal terrible qui décime vos troupeaux et dont les armes puissantes se sont rougies souvent de sang humain? N'est-ce pas là du donquichotisme en vénerie? Convenons donc qu'il faut laisser de côté cet étalage de grands mots, et que le seul point qui doive attirer notre attention, c'est d'examiner quel procédé amènera plus sûrement la destruction et la capture de ce formidable gibier. Parmi les modes de chasse au lion maintenant en usage, il en est un pratiqué par les Abyssins.

Il m'a été raconté par M. Rochet d'Héricourt; je l'ai trouvé plus tard consigné, soit dans le récit de son second voyage en Abyssinie, soit dans celui de M. Le Febvre. Je n'ai point en ce moment ces livres sous les yeux,

mais je suis certain de l'avoir lu dans les re-
lations données par un de ces deux infortunés voyageurs, qui, de même que tant
d'autres, ont payé de la vie leur amour pour
la science. Tous deux sont également dignes
de confiance, et c'est sous la garantie de leurs
paroles que je signale cette manière de chasser. Lorsque les Abyssins veulent détruire un
lion, ils se rassemblent en grand nombre,
cernent en partie le fourré où cet animal
s'est retiré; ils frappent avec la zagaie sur
leur bouclier, de manière à faire le plus de
bruit possible, lancent des pierres dans les
buissons, poussent des clameurs, et si tout
ce tapage ne détermine pas le lion à sortir en
plaine, ils mettent le feu au bois. Lorsque le
lion, encore mal éveillé, a quitté le couvert,
un Abyssin, monté sur un cheval que l'on
veut sacrifier, s'avance au-devant du lion et
lui barre le passage; il l'insulte, le provoque
de toutes manières. Alors le lion s'arrête, se
tapit, car il est rare qu'il se détermine à attaquer le premier. Le cavalier s'avance encore,
sa monture voudrait en vain reculer, il sait

la contraindre à marcher en avant. Lorsqu'il n'est plus séparé du lion que par l'espace de quelques pas, le lion, rendu furieux par cette agression et quelquefois blessé par le cavalier d'un coup de zagaie, se dresse sur ses pieds de derrière et saisit le cheval au poitrail ou bien aux naseaux ; celui-ci se cabre, mais le lion ne le lâche pas. Le cavalier profite du premier moment de la lutte pour se laisser glisser à terre, et pendant que le lion s'acharne sur le cheval qui lui est abandonné pour victime, qu'il tient les yeux à demi fermés par suite de ses efforts pour broyer les os entre ses puissantes mâchoires, l'Abyssin passe derrière le lion, et d'un coup de cimeterre lui tranche un jarret, quelquefois même il a le temps de frapper les deux jambes ; alors l'animal féroce ne pouvant plus bondir, cesse d'être redoutable pour les hardis cavaliers, qui accourent de toutes parts et qui viennent tour à tour le frapper de leurs javelines.

Adulphe Delegorgue a rencontré chez les Boërs un procédé à peu près semblable. Le chasseur s'avance à cheval jusqu'à trente pas du lion ; là, il met pied à terre, passe la bride dans son bras gauche et vise soigneusement le lion, qui s'est tapi à terre à la manière des chats. Si sa balle frappe d'une atteinte mortelle, tout est fini ; si au contraire, et c'est ce qui arrive le plus souvent, le lion n'est pas tué roide, le chasseur abandonne son cheval, s'éloigne de quelques pas, recharge son fusil et peut s'approcher impunément pendant que le lion s'acharne sur le cheval qu'on lui a laissé pour victime. Cette manœuvre, ainsi que celle de l'Abyssin, a pour point de départ une observation bien simple. Dans l'action de mordre avec force, les mastoïdes ainsi que les muscles du front et de la face se contractent violemment ; ils opèrent sur les organes de la vue et de l'ouïe une pression puissante ; ils les paralysent en quelque sorte, et l'animal, qui tient les yeux à demi clos et même quelquefois fermés, demeure presque sourd et aveugle tant que cette contraction a lieu. Il faut que ce procédé soit bien destructif, car Delegorgue, que j'ai rencontré souvent au

Journal des chasseurs, et dont je ne saurais suspecter la véracité, rapporte qu'un Boër, nommé Kotje-Dafel, âgé de cinquante ans, lui disait : « Vous le savez bien, je suis un « pauvre diable, mais si l'on m'eût donné « seulement par chaque lion que ce fusil a « tué cent rixdalers, j'en posséderais mainte- « nant plus de dix mille. » — « A ce compte, « lui répartit le voyageur français, vous en « auriez abattu cent. » — « Mieux que cela, « reprit Kotje; et vous savez que quand les « Boërs furent forcés d'émigrer de la grande « rivière jusqu'à Natal, ils tuèrent dans le « trajet trois cent quatre-vingts de ces ani- « maux; c'est un chiffre assez respectable, « n'est-il pas vrai? Hé bien! dans ce nombre, « une grande part revient à Kotje. »

Ces chasses, qui se font de jour, ne sont point pratiquées en Algérie; autrement je n'en eusse pas parlé, car M. le commandant Garnier n'a rien laissé à dire sur les chasses et sur les chasseurs du nord de l'Afrique.

Après en avoir fini avec les grands félins, l'auteur s'occupe aussi du petit gibier et de toutes les chasses particulières à l'Algérie. Cette partie de l'ouvrage présente au lecteur européen un vif intérêt de curiosité. Mais il ne faut pas effleurer la matière que l'auteur a touchée. Je me bornerai à une simple observation tout à fait étrangère à la chasse. Les Arabes ne sont point les premiers habitants du nord de l'Afrique; ils n'y sont venus que dans le courant du viie siècle. Quelle était l'origine des peuples qui s'y trouvaient alors? On a pensé que les Kabyles étaient un reste de la race celtique, qui, dans les âges éloignés, a aussi incontestablement peuplé l'Espagne, et peut-être le nom d'*alouf,* donné par les Kabyles au sanglier, est-il un reste de l'ancien idiome du pays. Pour moi, tout à fait ignorant dans les langues orientales, je ne saurais affirmer que le mot *alouf* n'est pas d'origine arabe. Néanmoins, il est certain que les Ommiades, pour désigner le sanglier, ont apporté en Espagne le mot de *javale,* tandis qu'à mon oreille française le mot *alouf* paraîtrait composé d'un article *al,* et du mot celtique *ouche,* encore en usage en Bretagne pour désigner un porc. Qu'on me pardonne cette digression que je soumets aux maîtres de la science comme une simple question ; je suis tout à fait incompétent pour la résoudre.

Passons et arrivons à la fin du volume.

L'auteur a pensé qu'un feu d'artifice n'est pas entier lorsqu'il n'est pas terminé par un bouquet. Il a donc réservé pour la fin un faisceau d'histoires, d'aventures de chasse, qui, pleines de verve et d'originalité, jaillissent comme une gerbe lumineuse de bombes et de fusées.

Joseph LA VALLÉE.

Brout-Vernet (Allier), le 15 octobre 1867.

AVERTISSEMENT

L'ouvrage que j'offre au public se compose de cinq
parties bien distinctes :

La première a pour but de déterminer, après une dis-
cussion impartiale et complète des divers systèmes connus
jusqu'à ce jour, la meilleure méthode à employer pour
détruire les grands carnassiers de l'Algérie, et subsidiai-
rement de redresser les trop nombreuses erreurs répan-
dues par l'ignorance ou la mauvaise foi sur ces nobles
animaux.

C'est là une rude entreprise ! car parler du lion et de la
panthère après Ahmed-ben-Amar, Jules Gérard, Vermet,
Bombonnel et Jacques Chassaing, semblera à bien des
lecteurs être d'une audace au moins singulière chez un
piètre chasseur à la billebaude. Mais il répondra nettement
qu'il a passé quatorze années consécutives (1849-1863)
dans la province de Constantine, qu'il a vu, entendu et
questionné tant qu'il lui a été possible, qu'il a recherché
avidement la vérité, et enfin, qu'aujourd'hui il croit devoir

la livrer toute nue aux regards des naturalistes et des disciples de saint Hubert.

Dans la deuxième partie, je traite de diverses chasses particulières à l'Algérie, et dont l'originalité me paraît mériter l'attention du public.

La troisième partie renferme quelques notes sur des animaux du pays; je n'ai fait qu'ajouter mon mot à ce qui en a été déjà raconté. Mais je me suis montré plus explicite quand il s'est agi des petits félins, et j'ose espérer que mon article, assez neuf sur eux, sera lu avec quelque intérêt par les naturalistes surtout.

Dans la quatrième partie on ne trouvera, sauf deux singuliers modes de chasse, que des histoires cynégétiques qui, par leur originalité et leur couleur locale, m'ont semblé susceptibles de faire plaisir.

Enfin, la cinquième partie renferme des souvenirs cynégétiques qui ne manquent pas d'un certain intérêt.

Commandant P. GARNIER.

Auxonne, le 3 juillet 1868.

OBSERVATION IMPORTANTE

Par suite de circonstances tout à fait indépendantes de ma volonté, cet ouvrage, commencé en 1861 et presque terminé à la fin de 1863, n'a pu être livré à l'impression qu'en 1868.

PREMIÈRE PARTIE

LA VÉRITÉ SUR LES TUEURS DE LIONS ET DE PANTHÈRES

CHAPITRE PREMIER

Lorsqu'un lion, évitant les fosses, piéges, etc., établis à son intention, s'acharne, ce qui n'est pas rare, après les troupeaux qui constituent la seule richesse d'une tribu, et lorsque ses ravages menacent d'en amener la ruine complète, les Arabes, dans leur exaspération très-naturelle, se décident à lui donner l'assaut dans son repaire bien reconnu d'avance (1).

Ils savent cependant que le félin cerné accep-

(1) Voir, pour les détails de cette dangereuse entreprise, la *Chasse au lion* de J. Gérard, ch. xi, édit. de 1859, et la *Chasse en Algérie*, par Henri Béchade, ch. vi, édit. de 1860.

tera, ne pouvant fuir, une lutte terrible, et que, le plus souvent, quoique criblé de balles, il parviendra à leur échapper, en laissant toujours derrière lui, sur le terrain, des hommes morts et pas mal de mutilés, quitte à aller parfois lui-même mourir de ses blessures à peu de distance du champ de bataille. Mais ces gens-là sont braves, quoi qu'en dise J. Gérard; puis la poudre les enivre, et enfin, il faut bien le reconnaître, leurs trop fréquents insuccès ne parviennent pas à les dégoûter. Ce qui augmente encore leur mérite à mes yeux, c'est qu'en général ils sont fort mal armés, et, de plus, bien pauvres en stratégie.

Cette manière héroïque mais si désastreuse d'opérer contre les grands félins n'est pas le privilége exclusif de trois tribus, comme l'a prétendu J. Gérard; elle est malheureusement générale. La raison de tout cela, c'est que les Arabes manquent de patience à la chasse, cultivent la paresse avec délices, et font, par suite, presque tous, de détestables affûteurs.

Voyons maintenant ce qui se passe en Kabylie, où le lion est rare, tandis que la panthère abonde.

Les Kabyles, beaucoup moins patients que les Arabes, et bien moins riches d'ailleurs en troupeaux, ne se laissent jamais comme eux réduire au désespoir.

Lorsqu'une panthère est signalée, soit qu'elle ait été vue, soit qu'elle ait annoncé sa présence par quelque carnage, tous les gens de la tribu se réunissent en armes, et, prenant toutes les précautions qu'exige une chasse aussi dangereuse, ils s'assurent du point où l'animal est rembuché. Quand ils y sont parvenus, on fait occuper par les meilleurs tireurs les arbres les plus rapprochés du repaire, puis on lâche les chiens qui font un concert diabolique, on pousse force clameurs assourdissantes, et on tire bon nombre de coups de fusil sur le fourré qui recèle l'animal ; on réussit presque toujours de cette façon à l'en faire déguerpir.

Une fois debout, la panthère cherche de tous côtés une issue qui lui permette de fuir sans danger ; mais si les tireurs ont bien choisi leurs arbres-postes, le plus souvent elle ne sait où se sauver. Dans ce cas extrême, elle prend son élan et bondit sans hésitation vers un des arbres occupés ; c'est le signal de la fusillade qui éclate de toutes parts sur la bête, qui s'acharne au même endroit jusqu'à sa mort. Ses premiers bonds contre les arbres sont véritablement énormes, et le tireur, pour être à l'abri, doit toujours se percher à plus de quatre mètres du sol.

Quant aux piétons, malheur à ceux que la bête trouve sur son chemin ! Ils sont tués ou tout au moins affreusement mutilés ; aussi ne manquent-ils jamais de disparaître promptement dès que l'animal a été vu debout.

Malgré ces précautions, il est très-rare qu'il n'y ait pas mort d'homme et blessures graves dans chacune de ces chasses, que les Kabyles n'entreprennent, du reste, que lorsque fosses, filets, affûts couverts et piéges au fusil avec appât mort ont complétement échoué (1).

Comme on le voit, l'attaque des grands félins à force ouverte et en nombre est toujours fort meurtrière et souvent peu fructueuse, et il serait à désirer qu'Arabes et Kabyles y renonçassent une bonne fois pour l'affût solitaire.

Je n'hésiterai même pas à proscrire l'attaque par des cavaliers, quand le terrain s'y prête, parce qu'une fois que l'Arabe a fait parler la poudre et qu'il a senti son cheval bondir sous lui, il s'enivre, cesse d'être prudent, et alors surviennent les catastrophes tragiques.

(1) Henri Béchade, p. 80 et 81.

Par bonheur, depuis quelques années, plusieurs indigènes se sont mis résolûment à suivre la voie glorieuse tracée par les tireurs européens; ils se risquent à opérer isolément la nuit, et ils ont même déjà obtenu quelques succès.

CHAPITRE II

DES CHASSEURS AUX GRANDS FÉLINS OPÉRANT ISOLÉMENT.
EXAMEN CRITIQUE DE LEURS MÉTHODES DE CHASSE

AHMED-BEN-AMAR

Le général Daumas raconte, d'après une tradition arabe, les exploits d'un indigène qui aurait tué une centaine de lions aux alentours d'Alger. Cet homme, dit-il, ne chassait qu'à cheval et de jour.

Je comprends très-bien qu'en agissant ainsi, il ait pu aborder l'animal d'assez près pour le tirer fructueusement et avec sécurité, attendu que, d'une part, le carnassier se méfiait moins d'un cavalier que d'un piéton, et que, d'autre part, après son coup de feu, notre homme comptait sur la vitesse de son cheval pour éviter l'abordage.

J'ajouterai même qu'il ne devait pas avoir besoin d'attaquer vigoureusement son coursier en cas d'insuccès pour lui faire tourner promptement la croupe au lion.

N'ayant guère confiance dans les traditions des Arabes, j'estime qu'il convient ici de laisser complétement de côté les tueurs légendaires antérieurs à notre conquête de l'Algérie, et d'arriver tout de suite au premier tueur arabe solitaire qui ne se soit pas enfoui sous terre ou perché sur un arbre ou sur un rocher inaccessible au lion, à Ahmed-ben-Amar, de Souq-Ahras (subdivision de Bône).

D'après son historien, M. B. Gastineau (1), ce mulâtre musulman, surnommé le *Négro*, a tué trente-neuf lions et quinze panthères, en chassant seul d'abord, et ensuite avec son *kif-kif* (en français *semblable*), Beglas-bel-Kassem, appelé d'ordinaire Bel-Kassem tout court.

C'est du Négro que deux officiers, courageux chasseurs de lions, ont dit à M. Gastineau :

« Notre maître en Saint-Hubert, sans en excep-
« ter Gérard, et qui nous dépasse tous de cent
« coudées, c'est l'Arabe Ahmed-ben-Amar, n'op-

____

(1) *Chasses au lion et à la panthère en Afrique*, 1863.

« posant à la bête féroce ni balles explosibles, ni
« balles à pointe d'acier, ni appâts, ni piéges,
« mais seulement un mauvais fusil arabe, un cou-
« teau et sa force musculaire. »

Voyons un peu comment, d'après son historien,
opère ce destructeur hors ligne.

« C'est en plein jour, à la face du soleil que
« Ben-Amar a tué la plupart de ces animaux fé-
« roces, et non pas traîtreusement la nuit. Cepen-
« dant, il a son costume de nuit, burnous noir,
« et son costume de jour, burnous blanc.

« Dès l'aube, Ben-Amar part, armé d'un fusil
« arabe à rouet et à pierre et d'un couteau arabe
« dans sa gaîne, à la rencontre des lions et des
« panthères dans les forêts qui avoisinent Souq-
« Ahras, et chasse jusqu'à ce qu'il ait trouvé son
« gibier. Il marche rapide et discret comme le
« vent; il passe silencieux comme le fantôme
« d'Hamlet au château d'Elseneur; il glisse entre
« les fourrés de bruyères, de lentisques, de cac-
« tus, comme un chat-tigre. A peine si l'oreille la
« plus fine pourrait saisir le frôlement de son
« passage, qui se confond avec la brise.

« Dès qu'il a trouvé une piste, il traque le lion
« et la panthère, comme en France on traque un
« lapin ou un lièvre. Avec l'ardeur d'un soldat

« français montant à l'assaut, il aborde de front
« l'animal qu'il va chercher dans son antre, dans
« un fourré, et qu'il appelle à lui en faisant cla-
« quer sa langue contre son palais, l'attaque, le
« tire, et lutte souvent corps à corps avec la bête
« lorsqu'elle n'est que blessée. »

Comme j'aurais fort mauvaise grâce à chicaner
M. Gastineau sur ses licences poétiques, je me
hâte de passer à la partie sérieuse de son récit;
il en résulte que notre hercule arabe ne livre
aux grands carnassiers que des combats loyaux :
« c'est un véritable duel à découvert, face à face,
homme contre lion, en plein soleil, et rarement
la lune en est témoin ! »

Voyons un peu ce qu'il y a de vrai dans cette
prétention pas mal téméraire de l'habitant de
Souq-Ahras. Je me sens fort à l'aise avec M. Benjamin Gastineau, par la raison très-simple qu'il
n'est que l'écho élégant et convaincu de Ben-
Amar, qui lui a raconté ce qui lui plaisait, et ne
s'est pas montré chiche de mensonges; il ne serait
pas bon Arabe sans cela !

Dans les conditions de combat énumérées plus
haut, il y a cependant du vrai : ainsi je crois très-
volontiers aux recherches de jour, en suivant pas
à pas la piste — quand le sol s'y prête; — mais

ce à quoi je ne puis ajouter foi, parce que ma raison s'y refuse, c'est à la «lutte ouverte, face à face,» de jour ou de nuit. Il y a déjà longtemps que Ben-Amar serait dans le paradis de Mohammed (Mahomet), s'il avait eu la simplicité d'assaillir ainsi de front les grands carnassiers de l'Algérie.

La vérité en tout cela, la voici :

Ahmed-ben-Amar, comme tous les débutants, a commencé par l'affût du haut des arbres ou rochers inaccessibles, et y a renoncé, entre autres raisons, à cause de l'extrême difficulté d'un tir lorsqu'il est trop plongeant.

Il possède un talent précieux (j'en connais qui le payeraient bien cher), qu'il tient essentiellement à cacher aussi bien que ses anciennes habitudes nocturnes ; ce talent consiste en une imitation parfaite du cri de presque tous les animaux de l'Afrique du Nord. Cet homme contrefait notamment d'une manière admirable le rugissement des grands félins, le mugissement du taureau, le hennissement du cheval, le grondement du chameau, le braire du mulet et de l'âne, les bêlements de la chèvre et du mouton, etc., etc.

A l'aide de cette inappréciable faculté, il fait venir lions et panthères sous le canon de son fusil ; quant à lui, caché dans un buisson naturel (ou artificiel), situé d'ailleurs assez près du repaire pour qu'il puisse s'y faire entendre, il tire, sans en être vu, l'animal qu'il convoite.

On comprendra, du reste, l'avantage que présente cette imitation du cri des animaux, puisqu'elle dispense cet Arabe de la nécessité si gênante et souvent si coûteuse d'un appât vivant que ses coreligionnaires, qui ne donnent rien pour rien, font bel et bien payer le plus cher possible aux chasseurs, malgré les services qu'ils rendent.

Il n'y a donc point là, comme on le voit, de *duel loyal* avec le lion et la panthère, et j'estime d'ailleurs que ce serait aussi bien le jour que la nuit une insigne folie.

En effet, à ce jeu absurde (je prouverai plus loin son impossibilité matérielle), on pourrait réussir une fois, mais jamais deux, je vous le garantis! La recherche de l'animal blessé offre déjà assez de dangers sérieux, sans qu'on cherche à s'en créer d'autres à peu près insurmontables, et cela de gaieté de cœur!

JULES GÉRARD

Après Ben-Amar, voici venir Jules Gérard, qui, lui aussi, n'admet dans ses livres que le *duel loyal*. Que lui répondre? pas autre chose que ce que je viens de dire à propos des prétentions étranges du Négro. Seulement, J. Gérard n'ayant jamais eu à son service le fameux talent d'imitation du cri des animaux, a dû, selon moi, recourir à d'autres moyens pour amener ses lions à bonne portée, et ces moyens ne pouvaient être que le traque ou l'affût (en se rendant invisible ou inabordable), auprès d'un appât mort ou vivant, placé du reste sur un passage reconnu d'avance comme bien fréquenté par le félin. Voilà comment, à mon idée, et pas autrement, cet illustre chasseur a pu être assez heureux pour tuer « vingt-cinq lions sans recevoir la moindre égratignure, mais non sans courir de grands dangers, surtout en recherchant ces animaux blessés. »

Je pardonne assez volontiers à Ben-Amar son orgueilleuse velléité de chercher à faire avaler ses mensonges humiliants à un *roumi* (chrétien), que tout bon musulman méprise du fond de son cœur, et je me contenterai de dire ici que, s'il lui prenait jamais la funeste idée de raconter ses prétendus exploits à ses coreligionnaires, ceux-ci lui feraient payer cher l'outrecuidante prétention de faire, à lui tout seul et avec succès, une chasse qui ne réussit pas toujours alors qu'ils se mettent trente ou quarante.

Mais ce que je ne comprends pas, et ce que je ne pardonnerais pas à J. Gérard, si je ne savais à quel homme incombe la responsabilité presque entière de ses erreurs et assertions controuvées, c'est d'avoir revendiqué pour son compte la fable de Ben-Amar, et d'avoir voulu nous l'imposer comme un article de foi, alors que lui-même déclarait à qui voulait l'entendre qu'il n'y croyait pas.

Je sais fort bien qu'il était mieux armé que le Négro, qu'il avait deux, quatre ou six coups de feu sous la main, et qu'enfin les lingots en fer et les balles à pointe d'acier étaient encore un grand avantage pour lui; mais, malheureusement, je sais aussi que J. Gérard n'a tué roide que quatre lions sur ses vingt-cinq, et que s'il eût été *loyalement* en évidence, il aurait, par conséquent, dû soutenir vingt et un abordages; c'est pourquoi, malgré son dire, je maintiens fermement que le *duel loyal* est une *folie;* je vais même plus loin, je crois et j'affirme qu'il est matériellement impossible dans les conditions indiquées par J. Gérard.

Constatons d'abord que, d'après la nature boisée du terrain de combat, il n'est pas admissible que le tir ait lieu à plus de huit à dix mètres en général, puis que cet espace ne représente guère que la portée du bond d'un grand félin adulte ; de là déjà cette conséquence que, si le chasseur très-loyalement en vue s'adresse à une lionne qui tremble pour ses petits, ou, ce qui est bien plus dangereux, à une vieille panthère, il sera infailliblement, et sans que rien ne l'ait mis sur ses gardes, saisi, terrassé, et tout au moins affreusement mutilé avant d'avoir pu mettre le fusil à l'épaule, puisque l'animal, venu sans bruit à la portée du bond et sans être vu, tombera sur lui à l'improviste et d'un seul élan prompt comme la foudre.

Pour faire la partie belle à J. Gérard, et du même coup à Ben-Amar, je supprime cette chance grave d'insuccès, et je consens de plus à admettre que la bête féroce vient toujours bénévolement se poser avec audace vis-à-vis du chasseur, et « parade même effrontément » devant lui, en montrant parfois sa redoutable mâchoire, et en « piaffant comme un taureau. » Que va-t-il se passer ?

Si, par hasard, le félin est tué roide du premier coup de feu, chose très-rare chez ces bêtes si vivaces, la victoire est au tireur ! et je ne serai certainement pas le dernier à l'en féliciter ; mais malheureusement, — et J. Gérard et Ben-Amar le savent encore bien mieux que moi, — cela ne se passe pas toujours ainsi, et il arrive trop souvent, hélas ! que l'animal n'est que blessé plus ou moins grièvement. Dans ce cas trop peu rare, il sera sur le chasseur bien avant son second coup de feu, et sa vie lui appartiendra d'une manière absolue ; car, dans un semblable abordage, le recours aux pistolets, tridents, lances et poignards n'excite chez moi que le sourire de l'incrédulité, et l'on est bel et bien comme une souris entre les griffes d'un chat ! Peut-être, par un hasard miraculeux, échappera-t-on parfois à la mort, comme cela est arrivé à Ben-Amar, Bombonnel et Jacques Chassaing, qui s'en sont tirés avec de terribles blessures !

Pour éviter le terrible abordage, il faut donc, comme on le voit, foudroyer littéralement son adversaire ; or, la mort instantanée ne peut s'obtenir que si la cervelle ou le cœur sont atteints par le projectile, ou bien il faut lui briser la colonne vertébrale, ce qui ne le tue pas de suite, mais l'empêche de bondir et quelquefois même de bouger de place. Il ne faut d'abord pas songer à tirer le félin en tête, parce que, quoi qu'en dise

J. Gérard, neuf fois sur dix, la balle ricochera ou glissera sur son front fuyant, sauf le cas bien rare où elle se logera dans l'œil. On devra donc attendre que le carnassier vienne bénévolement *dans sa fameuse parade* offrir une de ses tempes, ou son échine, ou son poitrail bien découvert, ou sa gueule largement ouverte quand il rugit, ou enfin le défaut de l'épaule.

Notez bien qu'il faut ici un vrai tir de précision, dont on ne serait peut-être pas certain en plein soleil, et qu'il faut exécuter à la clarté douteuse de la lune ; ajoutons que la moindre déviation, c'est la mort, et une mort horrible !

De ce qui précède, j'aurais déjà bien, je pense, le droit de conclure que chasser ainsi, c'est tout simplement absurde ; mais je vais plus loin, et je soutiens qu'une pareille manière d'opérer serait *impossible* avec les neuf dixièmes au moins des grands félins, qui ne se montrent en réalité presque jamais aussi bien disposés pour la *parade* que J. Gérard affecte de le croire ; en effet, de jour comme de nuit, à l'aspect du chasseur armé, comme au moindre bruit, il est constant qu'en général ils se dérobent tellement vite, qu'il est à peu près impossible de les bien ajuster.

Laissons donc de côté les fables romanesques

de Ben-Amar et de J. Gérard, et voyons un peu
si Bombonnel, Vermet et J. Chassaing n'ont pas
des méthodes de chasse plus pratiques et surtout
plus sérieuses.

BOMBONNEL

Bombonnel ayant tué des panthères dans la
province d'Alger, quatre ou cinq années avant
que Chassaing ne se mît au lion, il me paraît tout
naturel d'examiner d'abord sa manière de chasser
une bête tout aussi dangereuse et bien plus rusée
que le roi des animaux.

Lorsque, soit par les renseignements des parties
intéressées à voir détruire cet onéreux voisin,
soit par l'examen attentif des lieux, quand le terrain s'y prête, Bombonnel a acquis la certitude
que le carnassier fréquente tel passage, ou suit
d'habitude tel sentier, il s'installe à sept ou huit
mètres du point reconnu favorable, dans un buisson naturel ou artificiel (si le buisson est fait par
le chasseur, ne négligeons pas de dire que cela
exige beaucoup de soins et un grand art d'imitation de la nature, sous peine d'exciter les soupçons de la bête); une chèvre, attachée à un

piquet, est placée sur le passage présumé de l'animal qu'elle doit en outre attirer par ses cris.

Blotti dans la cépée qui le rend invisible, il attend que la panthère tombe d'un bond de huit à dix mètres sur la pauvre chèvre, et alors, la lune aidant, il tire de son mieux sur l'assaillante, en ayant bien soin de ne pas se montrer, de ne faire ni bruit ni mouvement, de retenir même sa respiration.

Imprudent une fois, il a failli être tué! un concours heureux de circonstances miraculeuses l'a seul préservé de la mort, mais non de terribles blessures.

Lorsque la chèvre, douée par la nature d'un excellent odorat (c'est notre chasseur qui nous l'apprend), évente la panthère, l'instinct si puissant de la conservation lui fait garder un mutisme dont aucune torture physique ne peut triompher.

Voulant à tout prix de la musique pour accroître ses chances, Bombonnel prenait avec lui dans son buisson le petit de la pauvre bête et le faisait crier; la mère répondait, etc., etc. C'était là un jeu à se faire écraser sans défense aucune, puisque, venue sans bruit et sans être vue à la portée du bond, la panthère, guidée par les bêlements, pouvait tomber comme la foudre sur le buisson, c'est-à-dire sur le chasseur.

Aussi j'estime que ce moyen, assez barbare du reste, doit être répudié. Inutile de dire que je sais pertinemment d'autre part que son inventeur, très-humain au fond, partage tout à fait ma façon de penser à cet égard.

Voilà comment ce célèbre chasseur a tué ses dix panthères dans la province d'Alger !

Ne pouvant ici entrer dans de plus amples détails, j'engagerai les personnes qui en désireraient à lire l'ouvrage intitulé : *Bombonnel, le tueur de panthères*, ouvrage très-instructif et surtout très-véridique.

JACQUES CHASSAING

Après avoir suivi scrupuleusement, mais sans succès, les règles romantiques de la chasse au lion de J. Gérard, et après d'autres essais également infructueux, Jacques Chassaing a fini par adopter le mode d'embuscade choisi par Bombonnel ; seulement, au lieu d'une chèvre, il emploie comme appât un vieux cheval, un vieux mulet, un vieux chameau, etc. (je dis vieux, parce qu'alors l'animal est vendu moins cher par les Arabes, qui, quoi qu'en ait dit J. Gérard, ne donnent rien pour rien, même aux tueurs de lions, malgré les services qu'ils rendent), ou bien il utilise, quand l'occasion s'en présente, le carnage de ce terrible destructeur.

Pour lui, qui ne compte pas sur la musique, il est essentiel que l'appât soit bien en vue, — ce que Bombonnel, qui en avait moins besoin, recherchait aussi, — afin que le carnassier en quête d'une proie puisse l'apercevoir de loin se détachant avec netteté sur le ciel, au clair de lune ; par la même raison, pour mieux distinguer le but, le chasseur ne doit pas manquer de se placer en contre-bas, mais en ayant bien soin, quand le terrain est très-incliné, de ne pas s'installer sur la ligne de plus grande pente par rapport à l'appât, autrement il s'exposerait à voir l'animal atteint rouler sur lui et l'écraser.

C'est en opérant ainsi et en prenant d'ailleurs toutes les précautions prescrites par Bombonnel, que Chassaing a tué trente lions, dont quatorze en quatre nuits, grâce à une méthode toute particulière de tir dont il est l'ingénieux inventeur (1).

____

(1) *Mes chasses au lion*, 1865.

Avec cette manière d'opérer, le chasseur n'a pas à craindre que l'animal revienne sur lui. Frappé par un ennemi invisible, et n'ayant point d'*odorat* pour l'*éventer*, il ne sait, dans sa rage impuissante, à qui s'en prendre, et éperdu il se décide bien vite à fuir, en criant d'autant plus fort que sa blessure est plus grave ; tandis que, s'il est manqué, il s'esquive en silence. Mais s'il est blessé de telle sorte que la fuite lui semble impossible, ou si la douleur le rend fou de rage, oh ! alors, méfiez-vous ! car il ne songe plus qu'à se venger avant de mourir, et malheur à vous s'il parvient à vous joindre !

Un autre péril grave peut encore surgir : c'est le cas où la bête, fuyant au hasard, viendrait à se jeter sur l'embuscade. Ce malheur, qu'il est bon de prévoir, puisqu'il compte parmi les mauvaises chances du chasseur, n'est pas encore arrivé, Dieu merci ! et il faut espérer qu'il ne se produira heureusement jamais, parce que le lion frappé se sauve tout naturellement du côté opposé au bruit.

Bombonnel et Chassaing (je puis dire aussi Vermet, sur lequel les détails me manquent, mais que je sais très-positivement opérer comme eux), n'emploient cette méthode que la nuit et avec le secours indispensable de la lune. On comprendra aisément qu'elle serait du reste à peu près impraticable le jour avec des bêtes qui ne voyagent guère que pendant les ténèbres, et qui sont aussi rusées et aussi méfiantes ; la nuit, la corde seule qui maintient l'appât vivant leur donne déjà des soupçons. Que serait-ce donc en plein soleil ? Et puis, il deviendrait bien difficile, sinon impossible, de conserver pendant le jour l'avantage si précieux de l'invisibilité.

OBSERVATIONS GÉNÉRALES

Les grands carnassiers ayant la vie dure, comme je l'ai dit plus haut, ne restent presque jamais sur le coup, et fuient souvent assez loin. Si donc on veut constater leur mort ou les achever, afin de ne pas perdre de glorieuses dépouilles, il faut nécessairement se livrer à leur recherche ; c'est dans cette opération si dangereuse que le chasseur sera exposé, quelque minutieuses que soient ses mesures de prudence, aux plus grands périls. Lisez J. Gérard, Henri Béchade, Benjamin Gastineau, Bombonnel et J. Chassaing, et vous demeurerez convaincu que c'est là vraiment la partie la plus menaçante du drame. Il va sans dire qu'il y aurait folie d'abord et impossibilité ensuite de tenter ces recherches pendant les ténèbres.

Je me suis demandé bien souvent pourquoi Ben-Amar et J. Gérard évitaient avec tant de soin d'emmener avec eux à la chasse des Européens, tandis que je voyais Vermet, Chassaing et Bombonnel se montrer beaucoup plus accommodants (ce dernier a même poussé la galanterie jusqu'à prendre pour partenaire dans ses affûts une jeune et belle Prussienne) ; et si ce refus n'indiquait pas chez les deux premiers la crainte de voir dévoiler un secret qu'ils avaient intérêt à cacher, à savoir que leur manière d'opérer sur le terrain n'a jamais été d'accord avec ce qu'ils en ont écrit ou raconté.

A l'appui de cette opinion, je puis citer quelques faits qui sont concluants pour moi. Ainsi j'affirme, pour rendre hommage à la vérité, que Ben-Amar, lorsqu'il a dû céder à des importunités de chasseurs européens qui s'imposaient plus ou moins à lui, n'a jamais manqué de tout faire pour les dégoûter, et de leur jouer même des tours pendables (j'en sais quelques-uns), sans leur faire voir ni même entendre le moindre lion. Quant à J. Gérard, je reconnais avec plaisir qu'il s'est montré plus courtois que le Négro, en épargnant à ses camarades de chasse de cruelles mystifications ; mais aussi je constate qu'il les a promenés, je ne sais combien de nuits, en pure perte et sans leur faire voir ou tuer quoi que ce soit, pendant que Vermet, plus modeste et sans faire tant de façons, menait au bon endroit le piqueur d'un de ces messieurs qui tuait une fort belle lionne.

Enfin, pour en finir, je me risquerai à répéter, — sans trop en garantir l'absolue véracité, — les affirmations de plusieurs chasseurs pas mal compétents sur la matière, qui ont désiré voir et ont visité, conduits par les indigènes, les lieux témoins des principaux exploits de Jules Gérard. Eh bien ! ces touristes incrédules ont l'audace de dire qu'on leur a indiqué comme ses postes des arbres et de véritables embuscades fortifiées à grand renfort d'énormes pierres qui rendaient l'affûteur nécessairement invisible, et qu'enfin ils ont vu, de leurs propres yeux vu, le rocher du haut duquel il a exécuté de jour son fameux coup double, et qu'ils ont reconnu que, contrairement à son dire, ce rocher, sur lequel il avait dû se faire hisser, était de tous côtés parfaitement inaccessible au lion.

De ce que j'ai reproché plus haut à Ben-Amar

et à Jules Gérard de n'avoir jamais admis des Européens au partage de leurs glorieux exploits, il ne faudrait pas conclure qu'on doive à la légère accepter le premier venu ; j'estime au contraire qu'on ne saurait apporter dans le choix d'un second, pour ces terribles chasses, trop de prudence et de discernement.

UN MOT SUR LES BATTUES AU LION

Grâce à sa qualité d'officier dans les bureaux arabes de la province de Constantine, Jules Gérard a pu faire exécuter par les indigènes plusieurs traques au lion à l'aide d'un grand nombre de rabatteurs fournis par une ou plusieurs tribus et dirigés dans cette pénible opération par leurs cheiks et caïds en personne.

Voici alors ce qui se passe :

Lorsqu'en s'échappant de l'enceinte à l'instar d'un timide quadrupède, le lion ne vient pas directement sur le chasseur embusqué, ce dernier peut le blesser impunément ; car, sans s'occuper du tireur, le carnassier ne manquera pas de suivre sa direction primitive.

Mais si sa route à la sortie du buisson le mène droit sur vous, laissez-le vous dépasser de quelques mètres, et alors vous le tirerez sans danger, tandis qu'en faisant feu sur l'animal qui vous arrive droit dessus, vous serez infailliblement culbuté et vous garderez, si vous n'êtes pas mis en pièces, des traces terribles de sa colère.

Avec du sang-froid et un peu de prudence on peut donc, quoi qu'en dise J. Gérard, pratiquer sans danger sérieux ce genre de chasse au lion.

Ce qui précède ne prouve guère, selon moi, que le roi des animaux soit aussi amateur *du duel loyal* que M. Gérard l'affirme dans ses livres.

CONCLUSIONS

Il résulte bien clairement pour moi, et j'ose espérer pour tout le monde, des faits et considérations qui précèdent :

1° Que la méthode primitive de chasse des Arabes ou Kabyles, opérant en masse, doit être répudiée comme étant peu sûre et trop meurtrière, et que dès lors l'autorité en Algérie ne fait que son strict devoir en s'y opposant de toutes ses forces ;

2° Que Ben-Amar et J. Gérard, au courage héroïque desquels je me plais ici à rendre une justice éclatante, n'ont pas tué les grands félins de la façon qu'ils ont décrite ou racontée ;

3° Que Vermet, Bombonnel et Jacques Chassaing, tout aussi braves, sont les seuls qui nous aient dit franchement et loyalement la vérité sur leur manière de détruire les grands carnassiers de l'Afrique du Nord ;

4° Que dès lors c'est dans leurs écrits que les aspirants au titre glorieux de tueurs de lions ou de panthères pourront seulement, et en toute confiance, s'initier aux secrets de la pénible et périlleuse carrière dans laquelle ils seraient bien résolus à se lancer.

CHAPITRE III

DES ERREURS PLUS OU MOINS ACCRÉDITÉES SUR LES GRANDS
FÉLINS DE L'ALGÉRIE

—

C'est avec tristesse que j'aborde ce chapitre, car il est toujours fort pénible pour un homme de cœur d'avoir à signaler de graves altérations de la vérité, surtout quand elles sont volontaires. Mais je ne saurais hésiter, et je dois tenir au lecteur la promesse formelle que je lui ai faite dans mon Avertissement.

Presque toutes les erreurs plus ou moins accréditées sur le lion et la panthère nous viennent de Ben-Amar et surtout de Jules Gérard; le premier se pose en hercule invincible, fait du lion une espèce d'ours Martin inoffensif, et parle de ce carnassier, qu'il semble mépriser et regarder du haut de sa grandeur, avec un orgueil superbe ; tandis que le second exalte jusqu'à l'incroyable la férocité, la puissance et l'audace du lion ; afin de se grandir outre mesure à nos yeux, lui, le vainqueur toujours heureux, qui affronte si héroïquement et en face un ennemi presque invincible !

Tous deux, pour obéir à l'orgueil, nous ont fourni, sur la nature des grands félins, des appréciations généralement fausses, et, ce qu'il y a de pis, nous ont trompés très-sciemment.

Je vais essayer de rétablir la vérité si gravement altérée par ces deux chasseurs :

Quel est le caractère du lion ?

Je lis dans la *Chasse au lion* de J. Gérard :

« Quant à moi, je déclare que, si j'ai remarqué
« de l'indifférence dans la physionomie de quel-
« ques lions que j'ai rencontrés le soir, je n'ai vu
« que des dispositions très-hostiles chez tous ceux
« qui se sont trouvés sur mon chemin la nuit. Je
« suis tellement sûr qu'un homme isolé est perdu
« sans ressource s'il fait une pareille rencontre,
« que, lorsque ma tente est établie dans la mon-
« tagne, dès que la nuit est arrivée, je ne m'en
« écarte jamais sans prendre ma carabine. »

Cette opinion n'est pas partagée par Ben-Amar, qui fait dire par son historien, M. B. Gastineau :

« Rien n'est plus débonnaire que le lion, ce « pendant de l'ours Martin des Pyrénées, auquel « les bergers pyrénéens donnent des coups de « houlette. Les chasseurs européens prennent le « lion au piége comme un renard surprend une « poule ; quelques-uns l'assassinent tout à leur « aise, et conquièrent sans péril sérieux les lau-« riers de Saint-Hubert.

Cette double appréciation est également fausse, et je préfère de beaucoup entendre Ben-Amar affirmer (ce qui est généralement vrai), que « ja-« mais, sinon dans le cas de légitime défense, le « lion n'attaque l'homme. »

Pour moi, qui me défie de ces deux illustres chasseurs, et pour cause, j'aime bien mieux la manière de voir de M. Henri Béchade, qui, d'accord avec les récits de Vermet, Bombonnel et Chassaing, se prononce en ces termes :

« Sur le caractère du lion, on a émis les opi-« nions les plus contradictoires.

« Les uns en ont fait un animal clément et ma-« gnanime, les autres une bête cruelle sans né-« cessité et possédée de la rage de la destruction.

« Pour réduire à leur juste valeur ces asser-

« tions exagérées, il suffit de se rappeler que le
« lion, malgré sa royauté, n'est qu'un animal qui
« obéit comme les autres à ses instincts.

« S'il dédaigne une proie facile, ce n'est pas
« qu'il soit clément, c'est qu'il n'a plus faim ; s'il
« se jette sur l'homme, ce n'est pas que la des-
« truction soit pour lui la condition de son exis-
« tence, le plus souvent c'est qu'il se défend lui-
« même contre une agression.

« Je définis ainsi le lion : un animal puissant,
« terrible quand on l'attaque, mais qui, le jour
« comme la nuit, ne se jettera sur l'homme inof-
« fensif et résolu qu'autant que la faim l'aura
« rendu fou de rage et que les autres proies lui
« manqueront. Et Dieu sait si les proies manquent
« à ce roi de l'Atlas ! »

Comme on le voit, il doit être excessivement
rare, en Algérie, où les sangliers et les troupeaux
abondent, que le lion attaque l'homme sans provocation ; s'il n'en était pas ainsi, combien de
voleurs arabes nocturnes disparaîtraient chaque
année ! Cependant, je ne nierai pas qu'une attaque
toute spontanée pourrait avoir lieu de la part
d'une lionne croyant au danger pour ses petits.

J'admettrai même encore, avec J. Chassaing et
le docteur Livingstone, qu'un lion hors d'âge,

devenu incapable de bondir, pourrait bien s'adonner à la chasse de l'homme, la trouvant plus facile que celle des quadrupèdes; mais cela ne durerait guère, et l'animal serait bientôt tué; et puis, en définitive, on ne devrait voir là qu'une exception à ce qui se passe d'ordinaire.

Le lion et la panthère dévorent-ils leurs victimes humaines?

Jules Gérard l'affirme, tandis qu'il est presque prouvé pour tous qu'ils ne mangent l'homme que lorsqu'ils sont affamés jusqu'au délire. Ils lui préfèrent, au dire de Chassaing, et ils ont ma foi bien raison, le sanglier, le bœuf, la chèvre et le mouton. Aussi, presque toujours, si une victime humaine est dévorée, c'est le fait de l'hyène à la puissante mâchoire, qui y est aidée du reste par les lynx, chats-tigres, chacals et ratons.

Le roi des animaux, en grand seigneur qu'il est, laisse-t-il ses restes aux carnassiers inférieurs et aux vautours?

J. Gérard l'assure, et il a peut-être bien raison pendant l'été, car le lion n'aime pas la viande faisandée, et, lors des grandes chaleurs, son carnage devient, du jour au lendemain, un véritable foyer d'infection ; c'est là pure affaire de goût, et la générosité n'y est pour rien. La preuve est que, pendant l'hiver, J. Chassaing a vu et mis à mort des lions qui revenaient à des animaux égorgés par eux au bout de cinq, six et sept jours.

Les femelles sont-elles en minorité chez la gent féline ?

C'est l'opinion de J. Gérard, qui la motive sur les accidents de la dentition, qui, selon lui, feraient périr beaucoup de lionnes.

J'avouerai ne pas bien comprendre pourquoi la dentition décime de préférence les femelles ; puis j'ajouterai que Vermet, Bombonnel et Chassaing affirment qu'elles forment au contraire la grande majorité, disproportion qu'ils expliquent fort bien par les suites funestes des combats furieux que les mâles adultes se livrent à l'époque du rût.

Le lion et la panthère enlèvent-ils ouvertement un mouton, une chèvre, etc., dans l'enceinte d'un douar ?

J. Gérard l'affirme, tandis que Chassaing déclare que l'animal bat en retraite lorsque sa présence est dénoncée par les chiens ; ce dernier est seul dans le vrai, et personne n'ignore, en Algérie, qu'à moins d'être enragés de faim, les grands carnassiers préfèrent la ruse à l'audace, et y regardent à deux fois avant d'aller prendre effrontément leur souper à la barbe des Arabes.

Les grands félins grimpent-ils aux arbres ?

Non, quoi qu'on en ait pu dire ou écrire. Si par hasard ils venaient à essayer, je suis certain qu'ils briseraient leurs griffes, quelque solides qu'elles soient, à cause de la trop grande pesanteur de leur corps.

Peut-on surprendre et tuer le lion dans son repaire ?

J. Gérard prétend avoir tué au gîte, le jour, en pleine broussaille, une lionne qui, bien repue, dormait lourdement.

J'ai de la peine à admettre la possibilité d'un pareil exploit, d'abord parce que d'autres chasseurs, tout aussi braves et adroits, ont essayé en vain d'en faire autant, et n'ont jamais pu qu'entendre, sans le voir, l'animal fuyant ; ensuite, parce qu'il est impossible de l'approcher sans bruit dans son repaire quasi impénétrable, et parce qu'enfin, s'il n'a pas d'odorat, le lion possède en revanche une remarquable finesse d'ouïe.

Du reste, si le lecteur veut complétement s'édifier
à ce sujet, qu'il lise les chapitres ix et xiv du livre
de Chassaing.

J'ai lù quelque part que le lion, saisissant un
bœuf par l'oreille et le fouettant avec sa queue
nerveuse, le conduisait plus vite et tout aussi
adroitement qu'un boucher où bon lui semblait.
La vérité, c'est que, sans toucher l'animal, le lion
le pousse devant lui et le dirige vers la broussaille
dans laquelle il veut le dévorer, et que sa tactique
ne consiste qu'à couper à propos le chemin de la
plaine au ruminant lorsqu'il tente de fuir.

Le lion de l'Afrique australe, qu'ont tué ou
décrit A. Delegorgue, le docteur Livingstone et
Georges Cumming, a-t-il aussi peu d'analogie avec
celui de l'Aurès que J. Gérard le proclame?

D'accord avec Chassaing, je n'hésite pas à affirmer que sous tous les rapports les deux espèces
se ressemblent parfaitement.

La panthère est-elle un animal rusé, souple,
patient, mais inoffensif et timide?

C'est ce que prétend J. Gérard, tandis que
M. B. Gastineau proclame hautement « que la

chasse à la panthère offre infiniment plus de dangers et de difficultés que celle du lion. »

Auteur estimé, à juste titre, de la *Chasse en Algérie*, M. Henri Béchade admet volontiers que la panthère est rusée, souple et patiente ; mais il lui refuse tout net la timidité et surtout des allures inoffensives et débonnaires.

Puis voici venir Bombonnel qui, moins favorisé que certains chasseurs de lions dont pas un coup de griffe n'a effleuré l'épiderme, a lutté corps à corps avec une panthère blessée, et n'a dû son salut qu'à un concours miraculeux de circonstances favorables. Aussi, mieux que personne, est-il fondé à soutenir que J. Gérard s'est étrangement mépris sur le caractère de ce dangereux carnassier ! Les preuves, il les porte bien visibles sur sa figure énergique.

Dès 1860, je m'étais ému d'un si profond désaccord entre ces deux illustres chasseurs, et j'avais voulu en avoir le cœur net.

Dans ce but, je me livrai à des recherches approfondies sur les mœurs de ce grand carnassier ; j'interrogeai moi-même ou je fis interroger tous les chasseurs de la Kabylie ; je recueillis aussi pas mal de témoignages chez les Arabes, le tout grâce à l'extrême complaisance de plusieurs chefs militaires, que je remercie encore ici de grand cœur.

Les renseignements que j'ai ainsi obtenus présentaient un tel caractère d'unanimité que le doute ne m'était plus permis, et que je n'hésitai plus alors (1) à faire part de ma conviction bien arrêtée tant aux naturalistes qu'aux disciples de saint Hubert.

Avant de faire connaître l'opinion des Arabes, et surtout celle des Kabyles, sur la panthère algérienne, il me semble indispensable de bien avertir le lecteur que cette opinion ne s'applique qu'aux bêtes adultes ou vieilles, et nullement aux jeunes animaux. La jeune panthère, en effet, se montre timide au bruit, poltronne au feu et imprudente à l'appât, tandis que c'est tout le contraire chez ses grands parents. Conclure dès lors du jeune carnassier au vieux serait une grave erreur ; autant vaudrait juger du courage d'un homme fait d'après la conduite, en face du péril, d'un enfant de huit à dix années.

Les Kabyles considèrent cet animal comme étant des plus redoutables ; ils le regardent même comme plus courageux que le lion, bien qu'ils

____

(1) Voir le *Journal des chasseurs*, 1860.

4

admettent qu'il s'entoure de plus de précautions pour se garantir.

Traquée, la panthère cherche à fuir; mais si elle ne trouve pas à se garantir sans danger, elle attaque avec fureur. Une fois blessée, elle ne fuit jamais, lors même que sa retraite serait sans péril, et lutte avec un acharnement indicible jusqu'à sa mort.

Nul ne passe impunément, le lion excepté, de jour comme de nuit, à portée du bond d'une vieille panthère rembuchée; elle attaque alors les animaux et l'homme lui-même sans provocation aucune; en un mot, elle bondit traîtreusement et avec la rapidité de la foudre sur tout ce qui bouge, se contentant parfois d'appliquer un coup de griffes qui estropie ou tue, et de poursuivre après son chemin comme si de rien n'était.

Enfin, une vieille panthère est considérée par les Kabyles comme leur étant plus à charge qu'un vieux lion, parce que, pour obéir à un instinct continu de carnage, et lors même qu'elle est bien repue, elle égorge, comme le tigre, pour le plaisir seul de tuer, ce que le lion ne pratique que sur les animaux qu'il a pu, à l'aide d'une manœuvre adroite qui lui est familière, faire fuir au plus épais de ses domaines boisés.

De tout ce qui précède, il résulte clairement, ce qui est fort triste à dire, que J. Gérard a nié la férocité de la panthère en parfaite connaissance de cause, et qu'il ne l'a fait que pour rabaisser le mérite d'un chasseur dont les succès l'importunaient.

ENCORE UNE ENTORSE A LA VÉRITÉ

J. Gérard raconte avec orgueil les bruyantes ovations et les offres splendides que lui ont valu, de la part des Arabes enthousiastes, ses victoires sur les lions ; je crois que dans ses récits il a singulièrement exagéré tout cela. J'ajouterai même que si, comme Chassaing et Bombonnel, au lieu d'être porte-fanion d'un général d'abord et puis ensuite attaché à un bureau arabe, il n'eût été qu'un simple mercanti (1), pas plus qu'eux il n'aurait été promené en triomphe par les indigènes, qui ne s'enflamment guère pour les Européens, qu'ils jalousent et détestent cordialement. Et puis, j'ajouterai avec Chassaing et Bombonnel que les Arabes sont, quoi qu'en ait dit Jules Gérard, ingrats, menteurs et voleurs, le tout au suprême degré.

(1) Bourgeois, civil, marchand, etc.

OPINION DES ARABES SUR LE LION

Quelquefois, il prend fantaisie à l'hôte fauve des bois de suivre la nuit un voyageur attardé; le manége auquel il se livre alors est des plus curieux : il s'approche peu à peu et finit par marcher côte à côte avec son compagnon, qui n'est guère rassuré, se mettant à le frôler de son épaule et allant jusqu'à le pousser légèrement, s'arrêtant quand il s'arrête, se couchant à quelque distance sur ses quatre pattes, d'un air narquois, quand il s'assied ; ensuite il disparaît soudain pour reparaître plus loin ; souvent il s'amuse à se coucher de toute la longueur de son corps en travers du chemin suivi, choisissant à dessein pour cela un passage étroit. Si le mortel, qui a fait cette rencontre pas mal inquiétante, ne se démoralise pas, s'il se met à le chasser résolûment, en le menaçant par des cris, en lui jetant des pierres, en lui donnant des coups de pied ou des coups de bâton, l'animal finit par s'en aller sans déployer trop de mauvaise humeur ; mais si, par malheur, l'homme se trouble, ce dont le rusé carnassier s'aperçoit bien vite, s'il rebrousse chemin par peur ou se livre à un autre acte de faiblesse, oh !

alors il est perdu : le lion respecte le courage, mais il dévore les lâches !

Les Arabes ajoutent même que, quand il lui arrive de faire ainsi la conduite à plusieurs individus, il a bientôt distingué le moins intrépide de la bande, et qu'il ne manque jamais de l'honorer alors de son attention toute particulière.

Il n'y a pas un voleur émérite de l'ancien temps qui n'ait ainsi fait la rencontre de quelque lion dans ses expéditions nocturnes, et les détails que je viens de relater ici sont entièrement conformes au dire de tous les maraudeurs indigènes.

La notoriété publique des tribus à lions constate encore que jamais le lion n'approchera de l'homme qui, le jour ou la nuit, sera parvenu à se retirer dans une touffe de broussailles susceptibles de le rendre invisible (1).

Ce même caractère de pusillanimité du lion quand il n'est pas blessé, s'expliquerait mieux dans l'occasion solennelle des grandes chasses qui se font quelquefois à Bouëra.

Là, quand il se trouve resserré dans un cercle de plusieurs centaines de traqueurs, il est comme

(1) Le lion de l'Afrique australe agit de même, d'après Adulphe Delegorgue, etc.

4.

fasciné par tous les yeux fixés sur lui et perd complétement la tête ; il ne demanderait pas mieux que de s'échapper vite, s'il apercevait quelque part une issue dans la chaîne humaine qui l'entoure.

Mais aussi, dès que le premier coup de feu part, l'imminence du danger lui rend le courage, il bondit alors, et malheur à celui qui reçoit son effroyable accolade !

Il est certain pour les Arabes, et ils sont bons juges, je crois, en cette matière, que le Créateur a mis en ce noble animal, tant qu'il n'est pas blessé, un respect instinctif pour l'homme de sang-froid et de courage, respect auquel l'infériorité de ses forces physiques ne donnerait aucun droit à ce dernier, et que le lion ne devient réellement terrible que quand, après avoir été blessé, il ne croit pouvoir opérer sa retraite sans être exposé de nouveau aux coups de son adversaire ; car, même blessé, s'il conserve l'espoir d'échapper, il cède assez facilement le terrain.

Les Arabes ne sont pas aussi tremblants devant le roi des animaux que J. Gérard l'affirme, car on peut citer de nombreux exemples de gens assez intrépides pour avoir cherché et réussi à couper la retraite au lion qui emportait sa proie, à saisir celle-ci par les pattes, quand il la tenait par le cou ou les reins, à la lui disputer en tiraillant, et, en fin de compte, à lui faire lâcher prise en employant les cris menaçants, les pierres et les coups de bâton. Un des deux lions sur lesquels J. Gérard fit coup double, en février 1849, chez les Séguïa, avait, la veille au soir, été forcé de lâcher un mouton qu'il tenait dans sa gueule, par les coups de bâton que lui appliquèrent les gens d'un douar. Ce fait a été raconté à un mien ami, aujourd'hui général, par Gérard lui-même ; cet ami en fit même un article qui parut alors dans l'*Akbar*.

Nota. — J'ai cité plus haut l'opinion des Arabes sur le lion pour bien établir qu'ils ne tremblent pas si honteusement devant lui que J. Gérard l'a écrit ; je tenais à les laver de cette calomnie intéressée, car il me semble juste de ne pas refuser du courage à une race aussi énergique ; seulement je dois aussi du même coup mettre en garde le lecteur contre leurs idées merveilleuses qui sont bien caractérisées par leur fameux axiome : *Le lion respecte le courage, mais il dévore les lâches !*

Je tenais beaucoup ensuite à bien constater ce

fait si singulier qu'à la disparition subite dans un buisson de l'homme menacé, le lion devenait indécis, s'inquiétait, et finalement prenait la fuite ; car je voyais là un nouveau trait de ressemblance entre la race léonine de l'Atlas et celle de l'Afrique australe, puisque, d'après Adulphe Delegorgue, le docteur Livingstone et Georges Cumming, cette dernière se conduit exactement de la même façon en pareille circonstance.

OBSERVATIONS DIVERSES SUR LES GRANDS FÉLINS

Je commencerai par une remarque qui a échappé à tous ceux qui ont écrit sur le lion et la panthère : c'est que le premier a l'œil du chien, et la seconde celui du chat. De là, possibilité pour l'un de chasser en plein jour, et nécessité pour l'autre de n'agir que la nuit, ou tout au plus matin et soir.

Cette différence dans l'œil explique, en outre, parfaitement pourquoi, pendant les ténèbres, le roi des animaux suit invariablement les sentiers battus, tandis que la panthère circule toujours sous bois.

Les femelles des grands félins ne manquent jamais, à l'instar de nos chattes domestiques, du chat sauvage, du lynx et du chat-tigre, de se rouler à plusieurs reprises par terre après l'accouplement.

Disons ici en passant que la chasse de nuit en Algérie n'est pas seulement dangereuse à l'égard des grands félins, et qu'il faut encore se garer avec soin des Arabes, si amoureux des armes et des douros du chasseur, et si prompt à se les approprier, même par l'assassinat.

Je terminerai ce chapitre par quelques réflexions assez intéressantes sur la nourriture habituelle des grands félins, qui ruineraient bien vite les Arabes et les Kabyles, s'ils n'avaient que leur bétail pour assouvir leur faim. Mais fort heureusement ces terribles carnassiers trouvent l'occasion de plus d'un repas dans les nombreuses bandes de sangliers qui, comme chacun sait, pullulent en Algérie. Plus adroite et plus rusée que le lion, la panthère réussit mieux que lui à cette chasse qui lui fournit à peu près les trois quarts de sa nourriture, si toutefois on y joint d'autres animaux, parmi lesquels le porc-épic joue, à son grand déplaisir, un rôle assez important.

En résumé, malgré son infériorité de ruse et d'adresse, nous pouvons hardiment admettre que le lion trouve la moitié de ses repas au moins en dehors des troupeaux du pays.

Le lion, pas plus que la panthère, n'aime à se reposer dans un antre, ni même dans les belles chambres soigneusement expurgées de la moindre pierre, qu'a si poétiquement inventées J. Gérard. Chacun sait en Algérie que le jour ces animaux se retirent dans des fourrés inextricables qui les garantissent fort bien des importuns et des intempéries.

DEUXIÈME PARTIE

DE QUELQUES CHASSES PARTICULIÈRES
A L'ALGÉRIE

CHASSE DE LA PERDRIX ROUGE A L'IZARA

———

L'izara (en arabe, *rideau* ou *voile*) est une pièce d'étoffe de 1ᵐ,30 à 1ᵐ,50 de haut sur 0ᵐ,75 à 0ᵐ,90 de largeur ; cette étoffe, le plus souvent de toile fabriquée dans le pays, est peinte sur l'une de ses faces ; ce sont des lignes, des cercles et des points de diverses couleurs, groupés d'une façon bizarre qui n'exclut pas la symétrie.

L'artiste badigeonneur, de l'aveu des Kabyles, se propose toujours d'imiter le pelage moucheté de la panthère algérienne, et il y réussit généralement à peu près, si on ne regarde l'izara que d'assez loin. Mais toute cette décoration, plus ou moins habile, ne suffit pas, et le chacal, grand affûteur des perdrix près du boire ombragé, doit apparaître ici et venir compléter l'engin, en le surmontant de sa tête, dont les yeux sont remplacés par de petits morceaux de glace, et chez plusieurs, en laissant en outre voir sa queue placée au bas de la toile.

L'izara se tend à l'aide de roseaux suffisamment solides, qu'on préfère à cause de leur légèreté ; il se fabrique dans les montagnes de la grande Kabylie, principalement chez les Aïth-lthour'ar, et son prix varie de cinq à dix francs, suivant sa grandeur et son mérite artistique.

Je crois ce piége fort ancien d'invention, bien qu'aucun auteur cynégétique arabe n'en parle.

Le chasseur kabyle, arrivé sur le terrain, monte l'izara sur ses roseaux, et s'en fait un bouclier qu'il tient de la main gauche et derrière lequel il se cache, tout en portant de la droite son fusil, et en regardant, sans se montrer, par les deux trous placés dans la toile à une hauteur convenable ; il doit la tenir verticalement et de façon à s'en bien couvrir, et marcher en imitant de son mieux l'allure onduleuse et nonchalante de la panthère.

Opérant ainsi avec une sage lenteur, il va à la recherche d'une bande de perdrix rouges (1).

____

(1) La perdrix grise n'existe pas en Algérie.

Tout à coup une perdrix l'aperçoit et se met aussitôt à glousser comme une poule qui veut rassembler ses petits. A ce signal, la compagnie dispersée se réunit promptement, et toutes, les yeux fixés et le cou tendu vers l'izara, se serrent, au lieu de fuir, les unes contre les autres; le plus souvent même elles se rapprochent d'elles-mêmes en restant bien massées et en se maintenant à une vingtaine de pas de l'engin fascinateur.

Lorsque le Kabyle trouve la portée bonne, il passe doucement le bout de son fusil par le trou inférieur, où il repose sur une ficelle disposée *ad hoc*, recule avec précaution, vu la longueur de son arme, tout en soutenant l'izara à l'aide du canon, et tire à peu près au juger. S'il a réussi à viser juste, cinq à six victimes, quelquefois davantage, restent sur le terrain ; cela dépend surtout du chiffre de la compagnie et de l'habileté du chasseur.

Mais les choses ne vont pas toujours aussi aisément, et il arrive parfois que les perdrix méfiantes ne s'approchent pas d'elles-mêmes, ou bien ne laissent pas venir le panneau à distance convenable pour un tir fructueux ; dans ce dernier cas, elles courent très-vite devant lui en se maintenant toujours trop loin.

En pareille circonstance, notre rusé Kabyle, au lieu de marcher sur elles d'une manière continue, recule, puis avance, et ainsi de suite, en gagnant insensiblement du terrain ; c'est là qu'il doit surtout imiter de son mieux les mouvements ondulés de la panthère, et si sa manœuvre a été prudente et habile, il est bien rare qu'il ne parvienne pas à tirer à bonne portée.

Aussitôt qu'il a fait feu, il s'accroupit en laissant la toile retomber sur lui ; cette position doit être gardée jusqu'à ce que les oiseaux envolés soient hors de vue, si on veut les reprendre au même piége, non-seulement une seconde fois, mais toujours. On va ensuite ramasser les morts.

Souvent, après le coup de fusil, si l'izara est bien fait, les perdrix ne partent pas, et, immobiles, elles continuent à le regarder très-fixement ; ce qui, avec un double canon, permettrait de tirer une seconde fois.

J'ai oublié de dire qu'assez souvent une perdrix se détache du groupe, pique très-près de l'izara, et, sa curiosité satisfaite, rejoint prestement ses compagnes.

On ne pratique guère cette chasse qu'en novembre, décembre et janvier, c'est-à-dire après les grosses chaleurs et avant la saison des amours.

Dans ces mois-là, il n'est pas rare de rencontrer, sur les sommets solitaires et presque nus des montagnes de la Kabylie, des bandes de trente à quarante perdrix. Si les indigènes, avec leurs très-petits calibres, en tuent parfois de cinq à dix d'un seul coup de feu, jugez des résultats que nous pourrions obtenir avec nos fusils si supérieurs, et de plus capables de supporter une charge au moins trois fois plus forte.

Cette chasse, peu fructueuse le matin, ne réussit généralement que le soir, et encore par un temps très-calme; aussi, comme pas plus que nous les Kabyles n'aiment la bredouille, et comme de plus ils ne dédaignent pas ces belles perdrix rouges d'Afrique qui ont si bonne mine sur le couscoussou, ils se gardent bien d'aller à l'izara en plein jour, et ils attendent avec raison, pour agir, les instants si propices qui précèdent le coucher du soleil.

Bon pied, bon œil, excellente oreille, un bras gauche solide, une grande habileté d'imitation et surtout une patience inaltérable, voilà ce qu'il faut posséder pour réussir à l'izara. Ajoutons-y encore le talent de choisir le terrain de chasse, qui doit être tel qu'on puisse y découvrir les perdrix de très-loin.

Dans ces montagnes presque découvertes et peu fréquentées, il n'est pas rare de voir, le matin ou un instant avant le coucher du soleil, des panthères chassant sur les parties boisées. Essayeraient-elles parfois de surprendre les perdrix ? Je sais fort bien *de visu* que le chacal (et cela m'explique la présence sur notre engin de sa tête et de sa queue), le chat-tigre, le lynx et même le raton affûtent les perdrix près du boire ombragé, entre dix heures et midi. La panthère ferait-elle comme eux ?

C'est Bombonnel, le chasseur intrépide et l'écrivain consciencieux, qui va résoudre la question. Je lis dans son livre, p. 17, édition de 1860 :

« A l'âge d'un an, les petits panthéreaux se « séparent, et chacun va vivre de son côté ; le « gibier étant très-abondant, ils prennent quan- « tité de lapins et de perdrix qu'ils avalent comme « des œufs au jus, et de temps à autre les agneaux « ou les chevreaux qui s'aventurent dans la brous- « saille. »

De là je conclus tout naturellement que l'aspect du panneau imitant la robe de la panthère produit sur les perdrix un effet analogue à celui du renard sur les oiseaux de nos bois, sans exclure toutefois la prudence qui les maintient en dehors de la portée d'un bond.

Ce qui se passe à l'izara me remet en mémoire le curieux phénomène de la chasse des canards au badinage sur les étangs de la Bresse et de la Franche-Comté, chasse si bien décrite par le comte de Reculot, dans le *Journal des chasseurs,* et j'avoue ici que je serais très-curieux de savoir si, en remplaçant le chacal et la panthère par notre larron indigène, les perdrix rouges ou grises de France se laisseraient approcher et fusiller comme en Kabylie.

Pour la description de cette chasse que j'ai en vain tenté de pratiquer moi-même, j'ai dû puiser :

1° Dans l'ouvrage curieux du capitaine Devaux, *Les Kabaïles du Djerjera ;* 2° dans les notes du capitaine Adeler ; 3° dans les souvenirs du sous-inspecteur des forêts Gaucher.

De plus, j'ai longuement questionné plusieurs Kabyles très-experts à l'izara. C'est grâce à ces divers et sûrs renseignements que je me suis trouvé en mesure d'esquisser à fond cette manière si curieuse et si originale de chasser la perdrix.

CHASSE DU PORC-ÉPIC EN KABYLIE

AVANT-PROPOS

Le porc-épic ne sortant en général de son trou que la nuit, comme le blaireau, dont il a du reste les mœurs et les habitudes, est à juste titre classé parmi les animaux nocturnes.

Il se creuse des terriers à une grande profondeur, parfois dans une plaine bien sèche, au milieu de fourrés inextricables ; mais presque toujours il préfère le pied d'un escarpement rocheux ; il profite souvent aussi des trous naturels qu'il rencontre dans les montagnes.

J. Gérard raconte avec une exactitude remarquable, bien qu'un peu trop poétique, la manière d'opérer des clubs ou sociétés de chasseurs de porc-épic, appelés *hatcheichia* par les Arabes, qui les méprisent souverainement, parce qu'ils

perdent la raison en fumant le hatchich (1) ; il
dit avec vérité que ces sociétaires sont tous d'o-
rigine kabyle, et, si vous êtes curieux de détails,
je vous engage à lire son chapitre du menu
gibier.

Il mentionne aussi l'emploi des collets en laiton, avec lesquels les Européens en ont détruit
des quantités fabuleuses, ce qui nous explique
fort bien sa rareté actuelle autour des centres de
population.

Cet animal est un voisin peu agréable ; il
mange le raisin, le melon, la pastèque, les pois,
fèves et pommes de terre ; il ne dédaigne ni les
épis de maïs, ni les courges ; enfin il adore les
fraises et n'hésite jamais à faire curée des nids
qu'il peut atteindre. Aussi les colons cherchent-
ils à s'en débarrasser par tous les moyens possi-
bles. Ils poussent même l'esprit de vengeance
jusqu'à le manger ! Sa chair d'ailleurs, chez les
jeunes femelles surtout, hors des temps du rût et
de la gestation, est assez succulente ; mais méfiez-
vous de celle des mâles adultes, qui conserve, en
dépit des préparations culinaires les plus savantes,
un goût musqué insupportable.

_____

(1) Sorte d'opium, *Chasse au lion*, ch. VIII.

Quelques personnes l'affûtent par le clair de lune ; dans ce cas, bien qu'on tire généralement d'assez près, on doit n'employer que du gros plomb, zéro au n° 4, l'animal cuirassé par ses dards étant très-dur à tuer.

Le porc-épic a un ennemi redoutable, c'est la panthère. « Lorsqu'il s'est roulé en boule à son « aspect, elle se couche sur le ventre et attend « en silence une heure, deux heures, une demi-« journée, s'il le faut. L'animal, n'entendant « aucun bruit, se hasarde à sortir la tête ; plus « prompte que la pensée, la griffe de la panthère « la saisit et l'arrache (1). »

Lorsque le porc-épic passe subitement du calme à la colère (2), il se gonfle avec bruit et violence, sa peau se tend instantanément, et ses dards, couchés le long du corps, se redressent avec une extrême vivacité. Il arrive alors que des piquants mal implantés tombent ou bien se fichent dans la tête de l'ennemi qui le flaire de près ou qui essaye de le saisir. J'ai vu souvent revenir ainsi lardés des chiens auxquels ils avaient dû faire ferme.

(1) Henri Béchade.

(2) Ces animaux, très-irascibles, passent leur temps à se grogner et à se battre.

De là, sans doute, est née la fable des dards lancés au loin par l'animal en furie.

Je mentionnerai ici, en passant, une croyance superstitieuse dont le porc-épic est l'objet ; chez plusieurs tribus kabyles établies entre Djijeli et Bougie, les femmes enceintes portent, en guise d'amulette pendue à leur col, la patte droite ou gauche de cet animal, dans le ferme espoir qu'elle leur procurera infailliblement une délivrance facile et heureuse (1).

Après ces considérations préliminaires, je me hâte de passer aux divers modes de chasse qu'emploient les Kabyles pour tuer ou prendre vivant le porc-épic, dont leur pays, avec ses montagnes rocheuses, ses ravins et ses fourrés impénétrables, est la patrie d'adoption.

DU QUATRE EN CHIFFRE

Ce genre de piége est trop connu pour que j'en fasse ici la description ; seulement, comme notre animal a la vie dure, on ne devra employer

---

(1) Les porcs-épics, dit-on, se battent du derrière. Ils se tournent bravement le dos, et, se lançant l'un sur l'autre à reculons, ils tâchent de s'enfoncer leurs aiguilles dans les reins. Je ne me suis pas trouvé à même de vérifier cette assertion.

qu'une pierre très-lourde, et j'ajouterai qu'il faudra toujours établir l'engin sur la frayée, si facile à reconnaître par les dards qu'y sème invariablement le porc-épic.

DU CYLINDRE EN LIÉGE

On choisit un chêne-liége de la grosseur du trou qui sert au porc-épic d'entrée dans son terrier, et on pratique deux sections circulaires sur l'écorce seulement, haut et bas, à 1^m,30 environ l'une de l'autre ; puis on fait une incision verticale entre elles deux, et enfin, soulevant l'écorce avec précaution, on arrive à se procurer ainsi un cylindre creux et ouvert aux deux bouts.

On laisse complétement libre l'extrémité qui doit s'adapter juste au trou et lui faire suite, et on ferme l'autre avec une rondelle en bois ayant le diamètre du cylindre, et au moins cinq centimètres d'épaisseur ; elle doit, en outre, être percée à son centre d'une ouverture du quart environ de sa surface circulaire.

Dans ce couloir fortement ficelé, le porc-épic qui veut prendre l'air s'engage sans la moindre hésitation ; mais arrivé au bout, il ne peut ni avancer ni reculer, ses dards s'opposant à cette dernière manœuvre. Il s'agite alors avec violence, et, si ce n'était l'affûteur qui ne lui en laisse pas le loisir, il aurait bientôt fait, à l'aide de sa bonne mâchoire, de démolir l'obstacle-fenêtre.

Il va sans dire que le cylindre doit être très-solidement maintenu en place.

Ces détails fort curieux m'ont été fournis par M. Gaucher, sous-inspecteur des forêts, qui, entre Bougie et Djijeli, a vu lui-même opérer les Kabyles.

CHASSE DE JOUR AU BATON

Le Kabyle, très-ménager de sa poudre, n'a recours au fusil que lorsqu'il ne peut faire autrement. Or, il sait par expérience qu'un coup de bâton bien appliqué sur le groin du porc-épic suffit pour l'abattre, et qu'il ne faut pour cela que se placer sur la piste toujours bien visible de l'animal, et s'y tenir coi jusqu'à ce qu'il arrive à portée ; il laisse donc son arme au repos et saisit un bon gourdin.

Lorsque le porc-épic s'est attardé dans les broussailles, — ce qui lui arrive parfois, bien que d'habitude il regagne son terrier avant le jour, — et lorsqu'il y a été aperçu, on court bien vite murer les ouvertures de son souterrain ; puis, le bâton au poing, les chasseurs se placent ainsi : un à chaque trou de la demeure, et les autres sur les côtés de la route que suit habituellement l'animal pour y rentrer.

Ces dispositions prises, on lâche les chiens qui le mettent bien vite debout et l'obligent à courir rapidement à son terrier ; mais comme son chemin est bordé de chasseurs, le pauvre quadrupède reçoit, plus ou moins habilement appliqué, le coup de bâton de chacun d'eux, jusqu'à ce qu'il succombe ; du reste, les Kabyles maniant fort adroitement le gourdin, il est très-rare qu'après deux ou trois coups, le porc-épic ne soit pas assommé.

CHASSE DE NUIT AU BATON, MAIS AVEC LE PANIER NOMMÉ CHEUDIRA POUR AUXILIAIRE

Vers minuit, quand on s'est bien assuré de la sortie du porc-épic, on place à l'ouverture du terrier (s'il y en a plusieurs, on les maçonne soliment toutes, excepté une seule) une espèce de panier à deux bouches, nommé *cheudira* ; l'une de la grosseur de la tête de l'animal, et l'autre de la grosseur de l'entrée. La première s'engage à l'intérieur du trou, tandis que la seconde doit rester au niveau de son orifice extérieur ; la plus grande bouche, placée extérieurement comme je viens de le dire, est entourée de mailles de corde dans lesquelles passe une seconde et solide ficelle dont le bout repose dans la main d'un chasseur blotti près du terrier.

Lorsque le porc-épic, chassé comme de jour par les chiens et bâtonné sans être abattu (ce qui se présente souvent la nuit), arrive sans avaries graves à sa demeure souterraine, il se précipite vivement dans le panier et engage sa tête dans la plus petite bouche, tandis que le reste, plus gros, refuse de traverser ; à ce moment même, le chasseur embusqué, qui tient le bout de la corde, tire fortement dessus et ferme ainsi l'ouverture extérieure de la cheudira.

Si l'opération a été conduite avec à-propos et adresse, l'animal est pris, et on n'a plus qu'à retirer le panier.

Quelquefois les Kabyles se contentent d'attacher, demi-tendue, la corde à une grosse pierre ; alors, par son élan impétueux, c'est le porc-épic lui-même qui, en enfonçant le panier dans le trou, amène la tension de la corde, et par suite la fermeture de l'orifice extérieur.

CHASSE DE JOUR AU FUSIL, A L'AIDE DU RAT ARTIFICIER

On fait encore la chasse au porc-épic en se servant de rats, à la queue desquels on lie une mèche incendiaire ornée de petits pétards qui détonnent par intervalles.

On allume la mèche et on lance le rat dans le terrier ; le pauvre rongeur, ayant littéralement le feu au derrière, se sauve comme on fait en pareille circonstance, va au plus profond du trou et se fourre même jusque sous le ventre de celui qui l'habite.

Le porc-épic, bien que très-irrité de cette brusque et effrontée violation de domicile, n'osant se jeter sur l'intrus enflammé et n'ayant d'ailleurs aucun moyen d'éteindre le feu qui l'épouvante, prend le parti désespéré d'aller demander conseil au grand air, et se précipite hors de son terrier avec une promptitude qui montre le prix qu'il attache à réaliser promptement son idée. Mais l'astucieux chasseur est sur ses gardes, et, au moment du passage de l'animal expulsé, il l'étend roide mort d'un coup de fusil.

Je serais fort curieux, je l'avoue, de savoir si

cette méthode si piquante réussirait avec les renards et blaireaux de France ; mais il y a une chose qui m'empêchera toujours d'essayer, c'est la crainte du feu ; car si les incendies de broussailles et de forêts passent en Algérie pour péchés véniels, je ne me fierais guère en revanche à la bénignité des appréciations judiciaires dans ma belle patrie.

Ces trois derniers procédés de chasse sont fort en usage chez les Ouled-Smir et tribus environnantes ; ils m'ont été racontés, il y a quatre ou cinq ans, par un colonel d'état-major (aujourd'hui général), qui, par pure modestie, désire garder le plus strict incognito.

UNE CHASSE AUX MOUFFLONS DANS LA PROVINCE DE CONSTANTINE

M. Sénac, officier du bureau arabe de Tébessa, a chassé plusieurs fois le moufflon dans la province de Constantine. Je vais ici transcrire simplement le récit de son excursion cynégétique du 14 janvier 1861, tel qu'il a bien voulu me l'envoyer.

Partis de Tébessa au point du jour, nous atteignons le Djebel-Toua (montagnes au sud-est de cette ancienne ville romaine), après dix bonnes heures de marche.

A mon arrivée, les deux indigènes, qui avaient fait une reconnaissance le 13, viennent me signaler la présence de deux troupeaux, l'un de huit et l'autre de cinq bêtes. La veille, me dirent-ils,

ils étaient arrivés à près de cinquante mètres de ces animaux et auraient pu, si n'eût été ma défense formelle de tirer, en abattre aisément un ou deux. Je ne voulais pas, on le comprend bien, avoir à faire à des bêtes déjà effrayées. La précaution était excellente ; mais, hélas ! j'appris plus tard, et à mes dépens encore, que ma consigne n'avait pas été observée par mes infidèles éclaireurs.

D'après ce rapport, j'arrête que mes deux observateurs partiront le lendemain dès l'aube pour reconnaître l'endroit où paissent les moufflons, et revenir m'en rendre compte ; puis je donne l'ordre formel aux fauconniers indigènes venus avec moi de rester au camp toute la journée, dans la crainte qu'en poursuivant l'outarde et le lièvre avec force monde, et partant avec force bruit, ils ne vinssent à effrayer les moufflons et à compromettre par suite le succès de la chasse.

Le lendemain, vers huit heures du matin, un de mes éclaireurs de retour m'annonce que le troupeau des huit bêtes paît tranquillement à environ sept kilomètres de nos tentés.

Après vingt minutes de trot allongé, nous arrivons en effet en vue de la bande qui pâturait sur le versant opposé de la montagne. Craignant de l'effaroucher par l'apparition des cinq cavaliers qui me suivent, sans compter encore celui qui porte mes armes (un fusil double Lefaucheux, calibre 16, chargé à balles franches, et un fusil double à baguette, même calibre, chargé de plombs moulés), je les laisse cachés dans un pli de terrain, en leur recommandant bien de se poster avec adresse, et surtout d'observer le plus profond silence ; enfin, dans l'espoir de mieux approcher du gibier, je recouvre d'un burnous blanc mon costume européen.

Ces dispositions prises, au lieu de marcher avec mon guide tout droit aux moufflons, je me dirige de manière à les laisser un peu sur ma gauche, afin de pouvoir les tirer à cheval plus commodément.

J'espérais arriver, avant de faire feu, à cinquante pas du troupeau, qui, après nous avoir examinés quelques secondes, s'était tranquillement remis à paître, rassuré sans doute par notre allure pacifique ; aussi quand, allant toujours au petit pas, nous ne fûmes plus qu'à cent mètres environ, résistai-je à la violente envie de tirer que j'éprouvais, et craignant de ne pas réussir, me décidai-je à approcher encore !

Par malheur, il me vint à la pensée que mon burnous me gênerait pour tirer, et, tout en marchant, je le rejette sur l'épaule droite ; bien qu'exécuté sans brusquerie, ce simple mouvement effraya les moufflons, qui commencèrent à battre en retraite au pas, sans se presser.

A cette vue, je les couchai en joue, bien résolu à faire feu ; mais, sur l'assurance formelle de mon guide qu'ils ne tarderaient pas à s'arrêter, je renonçai à tirer, et ce, bien à tort, puisque ces animaux poursuivirent leur mouvement, gravirent la montagne, et enfin, se sentant, menacés, détalèrent au plus vite sur un terrain si raviné, que je dus renoncer de suite à mon galop de chasse ; en un clin d'œil, ils avaient disparu.

Leur course les menant tout droit sur mes cinq cavaliers embusqués, je ne tardai pas à entendre un coup de fusil, et alors, en toute hâte, je me lançai vers leur embuscade que je trouvai déserte, tous étant partis à la poursuite du troupeau. Le guide, qui explorait les lieux, me fit bien remarquer sur le sol des gouttes de sang qui prouvaient qu'un moufflon avait été blessé ; mais, convaincu néanmoins que mes cavaliers perdaient leurs peines, je me décidai sans hésitation à regagner ma tente.

J'étais, bien entendu, fort mécontent de ma chasse, et je me reprochais amèrement de ne pas avoir tiré alors que je le pouvais. Le grand saint Hubert, « qui n'abandonne jamais ses fidèles », me réservait fort heureusement une bien douce consolation à laquelle j'étais loin de m'attendre.

En route pour le camp, je fis lever plusieurs outardes, et j'eus la chance d'en tuer une fort belle, ce qui mit un peu de baume sur ma blessure. C'était un mâle magnifique (Outarde barbue ou grande outarde, l'*Otis tarda* de Linnée), qui pesait quatorze kilogrammes et mesurait un mètre de longueur.

J'appris, en rentrant, par mes fauconniers, auxquels je racontais mon insuccès, que les deux éclaireurs, malgré ma défense formelle, avaient tiré la veille sans résultat sur les moufflons, et je compris alors pourquoi ces animaux s'étaient montrés si sauvages. Il va sans dire que je ne manquai pas de tancer sévèrement mes deux drôles qui n'osèrent nier, mais qui soutinrent effrontément que c'était sur un autre troupeau qu'ils avaient sans succès « fait parler la poudre ».

Une heure après, les cinq cavaliers rentraient au camp avec le moufflon, qui, bien que blessé

au flanc gauche, les avait fait courir assez loin ;
un autre coup de feu avait même été nécessaire
pour arrêter cet animal, qui était une femelle
d'environ un an.

Pour utiliser l'après-midi, je chassai au faucon ;
deux outardes et cinq lièvres firent les frais de
mon excursion ; puis, après le dîner, j'arrêtai que
le lendemain de bonne heure nous attaquerions
le troupeau qui n'avait pas encore été dérangé.

En conséquence, à six heures du matin, nous
battons à cheval la plaine sans y rien voir, ce qui
nous décide à aller le chercher dans la forêt, où
nous ne tardons pas à le découvrir ; mais le terrain m'y semble si difficile, que je me résigne
sans hésitation à chasser à pied.

Intervertissant les rôles de la veille, après
avoir confié ma monture à un cavalier, je me
blottis derrière un rocher, et j'ordonne à mes
gens d'aller faire un grand détour pour me ra-
battre le troupeau.

Au bout d'une bonne demi-heure d'attente, je
vois les moufflons s'avancer doucement d'abord de
mon côté, puis enfin, effrayés par mes hommes,
m'arriver en bondissant.

J'envoie deux coups de feu à un beau mâle en
plein travers, à une vingtaine de pas ; l'animal,

sans broncher, continue sa marche rapide ; mais, au moment où déjà je maudissais ma maladresse, je le vois tomber roide mort ; ma balle conique l'avait traversé de part en part au défaut de l'épaule. Le cavalier qui tenait mon cheval avait tiré aussi, mais sans succès.

Après d'inutiles et fort longues tentatives pour rejoindre le troupeau, je rentrais au camp, heureux et fier de ma chasse.

OBSERVATIONS

Dans les deux traques qui viennent d'être brièvement racontées, M. Sénac n'avait pour aides que des indigènes ; il croit avec raison qu'on obtiendrait de meilleurs succès avec des traqueurs et tireurs européens.

Les Arabes tuent le moufflon à l'affût, soit en forêt, soit à l'abreuvoir accoutumé ; ils se cachent, pour y réussir, dans des trous soigneusement recouverts d'halfa.

En plaine, on peut le prendre à cheval avec des lévriers ; car il est à remarquer que cet animal, dont les bonds sont parfois prodigieux, et pour qui un rocher de quatre mètres n'est pas un obstacle, se fatigue assez promptement sur un terrain horizontal, où il ne déploie qu'une vitesse bien inférieure à celle de la gazelle.

Dans la montagne, en revanche, il est fort difficile à joindre, attendu que, comme un oiseau, il franchit les ravins quelque abrupts et larges qu'ils soient. Il faut surtout l'admirer quand il surmonte un obstacle en deux ou trois bonds, prenant pied, on ne sait comment, sur les parois lisses et verticales d'un rocher.

On trouve le moufflon sur plusieurs points de la province de Constantine, et notamment dans les cercles de Biskra et Tébessa.

Pour le premier, je citerai, près d'El-Outaïa, la montagne de Sel qui en abrite un grand nombre ; pour le second, je signalerai comme assez fréquentés par ces animaux, d'abord le Djebel-Zoua, puis le Djebel-Hong, peu éloigné et plus au sud, et enfin les environs de la Zaouïa des Ouled-sidi-Abib et du Mahmel.

Les jeunes moufflons s'élèvent assez facilement ; M. Sénac en a eu un qui avait été allaité par une brebis, et qui la suivait comme sa mère.

Je ne pense pas qu'il existe la moindre différence entre les moufflons de l'Algérie et ceux qu'on trouve en Corse, au Monte-Rotondo ; tous ceux que j'ai vus étaient avec ou sans manchettes,

6

faible distinction qui n'autorise pas leur classement en deux espèces bien tranchées.

Les femelles mettent bas d'ordinaire en février ; leur chair, bien supérieure à celle des antilopes, est excellente ; à part un léger goût de venaison, elle ressemble au mouton ordinaire ; mais les vieux mâles sont généralement coriaces et d'une saveur peu agréable.

CHASSE DE LA POULE DE CARTHAGE EN AFRIQUE

———

Toussenel, dans son *Esprit des bêtes, monde des oiseaux, ornithologie passionnelle,* Ier vol., p. 499 et suivantes, décrit admirablement les mœurs et le caractère de la petite outarde ; il explique pourquoi dans le midi de la France on l'a surnommée *Cane-pétière ;* mais pas plus que moi il ne pourrait dire pour quelle raison les Algériens s'obstinent à ne l'appeler que *Poule de Carthage.*

« La petite outarde, dit-il, a encore l'aile moins
« paresseuse que la grande, et ses mœurs sont
« un peu moins farouches, parce qu'elle a moins
« besoin de se cacher. Néanmoins, on l'a citée
« de tout temps pour sa défiance et sa réserve
« extrêmes, et du temps de Belon, on disait d'une

« personne d'un abord difficile, qu'elle *faisait sa*
« *cane-pétière*, comme on dit aujourd'hui qu'elle
« *fait sa chipie*.

« Le vol de la petite outarde est sibilant comme
« celui du canard ; elle court pour prendre l'essor,
« et se laisse approcher par les voitures et surtout
« par les chevaux.

« Cette malheureuse confiance dans le porteur
« de l'homme, qui lui est commune avec la grande
« outarde, avait été signalée par les anciens ve-
« neurs, dès avant l'époque de Pline. »

La poule de Carthage, en effet, lorsqu'elle se
trouve en troupe plus ou moins nombreuse, est
complétement inarbodable pour un piéton, et
assez peu accessible au cavalier isolé. On ne peut
parvenir alors à les tirer avec fruit qu'en les cer-
nant soit à pied, soit à cheval ; car dans ce cas,
comme elles s'enlèvent assez lourdement en dé-
crivant pour s'élever des cercles étendus dans le
genre des canards, auxquels elles ressemblent
beaucoup en volant, elles finissent forcément par
passer à portée sur la tête des chasseurs, qui, sitôt
qu'elles partent, ont soin de resserrer bien vite
l'enceinte qu'ils ont formée.

Je n'ai pas besoin de dire pourquoi cette
manœuvre facile, lorsqu'on a vu poser une

bande, réussit bien mieux aux cavaliers qu'aux piétons.

Ce genre de chasse est surtout pratiqué par les indigènes ou Européens dans la partie supérieure de la vallée de l'Oued-Summam, qui est riche en poules de Carthage.

Avant de m'occuper de la chasse individuelle que je n'ai ni faite, ni vu faire à cheval, disons en passant que cet oiseau est très-sensible au plomb, tombe à la moindre blessure ; mais que cependant je recommande vivement, après qu'on a tiré sur une bande, de bien suivre de l'œil celui qui s'en séparerait, car le déserteur, évidemment touché, ne tarde guère dans ce cas à descendre à terre, et, si on a bien vu l'endroit, c'est un oiseau dans le sac.

Il serait impossible à un chasseur seul, à pied, de tuer des poules de Carthage, si elles n'avaient l'habitude funeste pour elles de s'éparpiller une à une par la grosse chaleur, entre midi et trois heures, surtout quand le sirocco souffle, et de s'endormir dans les étoules, qui sont très-hautes, les Kabyles ne coupant guère que les épis (blé, orge) à la faucille, et y mettant ensuite leurs troupeaux pour manger la paille.

Voici comment j'opérais, en juillet et août,

dans la plaine de Bougie, assez peu riche en poules de Carthage : je chassais la caille, fort abondante à cette époque, et de temps à autre il m'arrivait de tomber sur un de ces oiseaux. Mais il est nécessaire, avant d'entrer en matière, de bien vous expliquer grâce à quelles précautions mon chien et moi nous parvenions à chasser par une chaleur pareille toute l'après-midi.

Commençons par le maître : sur la peau, gilet et ceinture de flanelle ; par-dessus, vêtements légers aussi blancs que possible ; sur la tête mon képi d'uniforme, qui me servait de porte-respect auprès des Kabyles, et sur lequel je fixais un mouchoir blanc, de telle façon que, la figure restant dégagée, j'avais les joues, le col et surtout la nuque recouverts de ses plis retombants que le moindre souffle d'air agitait ; point de cravate enfin. Ainsi accoutré, je bravais impunément les insolations si dangereuses dans ce pays. C'est fort bien pour vous, me dira-t-on, mais votre chien ?

Je répondrai d'abord que, né et fort bien acclimaté en Afrique, mon fidèle Lolo, braque à poil court et rude, supportait pas mal la chaleur et conservait même une finesse de nez fort remarquable en pareille fournaise. Il chassait avec ardeur pendant cinquante à soixante minutes, et puis, haletant, il se couchait, et n'aurait pu de longtemps continuer, si je ne me fusse trouvé en mesure de lui donner à boire de l'eau presque fraîche, et de lui en mouiller tout le corps, la tête surtout, à l'aide d'un arrosoir à pomme finement trouée. La plaine dans laquelle j'opérais est bornée au sud-est, à deux kilomètres au plus, par des montagnes au pied desquelles coulent de nombreuses sources d'eau glacée. C'est là où mon ordonnance allait toutes les heures remplir son arrosoir. N'oublions pas de dire que, moi aussi, c'était avec délices que je buvais de l'eau coupée de rhum et que je lavais mes mains et ma figure.

Tout cela était bel et bon ; seulement, à ce pénible métier, j'ai gagné des fièvres dont le sol natal m'a bien remis, et des ophthalmies qui me tourmentent encore au bout de plus de trois années de traitement.

Mais revenons, comme on dit vulgairement, à nos moutons, c'est-à-dire à ma première poule de Carthage.

Vers deux heures de l'après-midi, fin juillet 1852, sur la rive droite de l'Oued-Summam, je cherchais des cailles dans un vaste champ d'étoules, lorsque mon chien tombe tout d'un coup à l'arrêt, mais d'une façon telle, que je devine au premier coup d'œil qu'il ne s'agit pas d'un de ces oiseaux. J'avance, le chien fait dix pas en pointant et retombe à l'arrêt, puis il recommence, et ainsi de suite sur un parcours de plus de deux cents mètres, au bout duquel il ne veut plus aller de l'avant ; je le dépasse alors de sept à huit pas, et une poule de Carthage part sous mes pieds. J'en ai tué plusieurs ainsi.

Il m'est arrivé encore maintes fois de voir une petite outarde dans des étoules ou dans des friches, me laisser autant dire marcher sur elle, et ne partir qu'après que je l'avais dépassée de quelques mètres.

Dans l'un ou l'autre cas, c'est toujours un tiré extrêmement facile.

Une seule fois, entre le lac et la mer, étant isolé et bien caché, j'ai eu la bonne fortune d'abattre deux poules que je voyais de loin venir sur moi et que je prenais pour des canards. L'une d'elles n'était que démontée, et mon chien, mon soldat et moi nous mîmes longtemps à la prendre. On ne saurait, du reste, quand on ne l'a pas vu, se faire une idée de l'extrême vitesse de course de ces oiseaux lorsque leurs longues pattes sont intactes.

La petite outarde est un excellent manger : jeune, on la met à la broche ; vieille, elle est parfaite en salmis. Sa chair, noire aux ailes, est aux cuisses d'une blancheur égale à celle du poulet. Le fin gourmet donnera sans hésiter la préférence aux parties postérieures, qui sont infiniment plus délicates que celles du devant.

TROISIÈME PARTIE

NOTES SUR QUELQUES ANIMAUX CHASSÉS EN ALGÉRIE

LES PETITS FÉLINS

———

L'Algérie ne possède à ma connaissance que trois petits félins : deux espèces bien distinctes de chat-tigre et le lynx.

Les variétés du chat-tigre sont : l'une de taille moyenne, assez haute relativement sur pattes, qui a le ventre roux ; l'autre, plus grosse et plus longue de corps et plus courte sur jambes, qui est mouchetée dans le genre de la panthère.

Quant au lynx africain, il me semble de tous points exactement semblable à celui de France.

Les Arabes nomment le chat-tigre Kat-el-K'las, et les Kabyles, Schabirdou ; ils désignent tous deux le lynx par Ogdel ou Oydel. Parfois cependant les Arabes appellent ce dernier *Aneg-el-Ardh*.

Ces trois animaux, comme le chat sauvage, grimpent sur les arbres et se nourrissent de gibier à poil et à plume, qu'ils guettent, surprennent et saisissent avec une adresse incroyable, qui est due à leur extrême agilité et aussi à leurs excellentes griffes. Cependant, au dire des Kabyles, ils ne dédaignent pas certains fruits, tels que les figues, les raisins, etc. ; j'ajouterai qu'ils donnent très-bien au carnage, pourvu que la chair n'en soit pas trop faisandée.

Les indigènes affirment, et je ne suis pas éloigné de partager leur manière de voir, que ces trois félins n'attaquent jamais les agneaux et chevreaux qui, sous la seule égide de leur mère et sous la garde assez insignifiante d'enfants fort jeunes et de chiens malingres pour la plupart, vaguent avec les troupeaux sur les montagnes plus ou moins boisées. Que deviendrait alors, je vous le demande, la terrible signification du mot composé loup-cervier (1), dont on a si complaisamment baptisé le lynx ? Est-ce qu'il y aurait encore là une réputation usurpée, grâce au fatal penchant humain pour le merveilleux ?

____

(1) Je sais fort bien que la qualification convient surtout au grand lynx du Nord ; mais on l'a appliquée aussi au lynx du reste de l'Europe.

Je ne laisserai pas échapper l'occasion qui se présente tout naturellement ici de protester contre le fameux dicton *œil de lynx* : car cet animal ne voit certes pas aussi bien le jour que le chien, le loup, le renard, etc.; et je suis convaincu en outre que, la nuit, sa vue est moins perçante que celle du chat sauvage.

Nos trois félins se défendent avantageusement contre les chiens courants qui les chassent avec une grande animation et sans le moindre défaut ; ils leur font tête assez vite, soit en s'acculant dans un buisson impénétrable, et jouant alors avec rage de leurs terribles griffes acérées, soit en se perchant sur un arbre qu'ils choisissent toujours au milieu d'un fourré inaccessible à l'homme. Blessés, ils se jettent sur les chiens, mais jamais sur le chasseur ; ce qui ne veut pas dire qu'en mettant la main dessus, avant d'être bien certain de leur mort, on ne s'exposerait point à de cruelles blessures ou à des coups de griffes qui ne laissent pas que d'avoir leurs dangers.

Les Arabes et les Kabyles ne tuent guère ces animaux qu'à l'affût ; cependant, il leur arrive parfois, dans leurs grandes chasses à cheval, d'en envelopper un et de s'en emparer vivant, à l'aide de plusieurs burnous lancés sur lui avec adresse et promptitude. Le lynx que j'ai envoyé au Cercle Grammont-Saint-Hubert, il y a trois ou quatre ans, avait été pris ainsi aux environs de Bougie.

J'ai examiné très-attentivement, à Bône, à Bougie et à Constantine, une cinquantaine de chats-tigres ou lynx apportés en ville sur les marchés, et jamais je n'ai pu constater sur eux la moindre trace de strangulation ; les lacets en laiton, qui réussissent si bien avec les porcs-épics, chacals, lièvres, etc., n'ont donc pas de succès chez les petits félins.

D'après tous les essais infructueux que j'ai vus, j'estime que ces trois animaux ne sont pas susceptibles d'une domestication durable.

N'oublions pas de dire en terminant que jamais les lynx et les chats-tigres ne se terrent.

L'HYÈNE

———

Les Arabes et les Kabyles disent d'un homme
sans énergie : « Il est lâche comme l'hyène ! »
et ils ont ma foi bien raison.

Ce carnassier, blessé, ne revient jamais sur le
tireur ; mais je ne conseillerais à personne d'aller
mettre la main dessus avant qu'elle ne soit bien
morte, car cette bête possède une terrible mâchoire, et les poignets courraient de grands ris-
ques, si on s'aventurait à mettre en pratique le
fameux adage : *Teneo lupum auribus*, qui n'est
pas plus faisable pour le loup que pour l'hyène.

Malgré tout leur mépris, qui me paraît un peu
exagéré, les Arabes ne dédaignent pas de chasser parfois l'hyène, à cheval, avec leurs grands
lévriers.

En 1850, près des magnifiques jardins de Salah-Bey, sous Constantine, j'ai vu passer assez près de moi un de ces animaux, de fort belle taille, ma foi, que des cavaliers amenaient de sept à huit lieues, et qui, en fin de compte, leur a échappé. La bête de chasse, chiens et chevaux, tout m'a paru éreinté ; j'en conclus que, malgré son allure traînante et disloquée, l'hyène ne manque pas de fond et n'est pas déjà si facile à forcer. Chassé par des chiens courants avec grande animation et sans défauts, à cause de son odeur très-prononcée, ce carnassier file d'un train soutenu toujours droit devant lui, et fait tête ensuite, quand il sent que les chasseurs sont loin.

Je ne m'explique pas comment on a fait de l'hyène un animal féroce et terrible : elle qui, affamée même, ne se décide qu'en tremblant à se jeter sur un chien de médiocre taille !

Dans son livre sur l'Afrique du Nord, J. Gérard prétend que l'hyène se terre. C'est une erreur manifeste. Qu'à défaut de couverts boisés imperméables, elle se réfugie par les mauvais temps au fond d'une caverne, etc., je le concède ; mais se terrer d'habitude comme le renard ou le porc-épic, je n'y puis croire.

LE CHACAL

Par la taille et les habitudes, le chacal ressemble singulièrement au renard, dont il n'a cependant pas le pelage ; sa queue fournie est moins longue de moitié environ.

Comme lui, il met à contribution les basses-cours, et, comme lui encore, à défaut d'autre nourriture, il se contente d'un cadavre en putréfaction ; enfin, je le tiens pour également rusé et poltron.

Si vous voulez vous faire une idée des ressources imaginatives de ce petit animal, lisez, dans Bombonnel, le curieux et charmant récit (ch. xvii), intitulé : *Les deux chacals et la pastèque.*

En Algérie, le crépuscule n'existe pas, et la nuit commence lorsque le soleil disparaît. A ce moment précis, vous entendez glapir un chacal ; puis de droite et de gauche, devant et derrière, d'autres lui répondent successivement sur tous les tons, et vous arrivez bien vite à un infernal charivari.

Mais cela ne se reproduit pas tous les soirs, et il m'a semblé que le temps avait de l'influence sur leurs concerts. J'ai constaté en effet que par certaines soirées, qui ne m'offraient rien d'extraordinaire, ils gardaient un mutisme complet.

L'Arabe ne chasse pas le chacal, bien qu'il le tue volontiers, parce que ce pillard ravage les champs de pastèques, melons aqueux et rafraîchissants que l'indigène adore.

Les chiens courants poursuivent rondement le chacal, qui se hâte alors de gagner les fourrés impénétrables, ou des montagnes inaccessibles à l'homme ; aussi renonce-t-on très-promptement à sa stérile poursuite.

En général, les Européens ne le tirent qu'au carnage ou près des abattoirs.

Pris jeune, le chacal s'apprivoise très-bien ; j'en ai vu plusieurs en liberté, qui ne cherchaient pas même à rejoindre leurs semblables qu'ils entendaient cependant glapir près d'eux dans la broussaille.

On croit assez communément que le chacal se creuse des terriers dans lesquels il se réfugie le jour, qu'il soit poursuivi ou non, et dans lesquels la femelle nourrit sa petite famille, composée d'ordinaire de quatre à cinq individus.

J'ai passé en Algérie quatorze années consécutives, pendant lesquelles j'ai chassé à force, et il ne m'a jamais été donné d'y voir d'autres terriers que ceux des renards roses (1), ratons et lapins. Avec des chiens courants, j'ai fait bondir bien des chacals dans des broussailles où n'existait aucune demeure souterraine, et puis, plusieurs fois, j'ai assisté à la capture de jeunes animaux encore à la mamelle, capture qui avait bel et bien lieu non dans des trous, mais dans des fourrés inextricables. Je me crois donc le droit d'affirmer que le chacal ne se terre pas.

(1) Le renard algérien, d'un quart plus petit que celui de France, paraît de couleur rose à une certaine distance. Aussitôt levé, il court tout droit à son terrier. Mêmes mœurs et nourriture que celui d'Europe.

LE RATON (1)

—

Ce petit animal musqué, qu'on utilise avec raison en Égypte pour chasser les rats qui pullulent dans les magasins, est très-commun dans l'Afrique du Nord.

C'est un pillard qui, comme le chacal, exploite les basses-cours, et ne dédaigne pas les pastèques.

Chassé aux chiens courants, qui prennent volontiers sa voie odorante, il se cache, après une randonnée fort courte, dans un terrier naturel ou simplement dans un trou qu'il a approprié sans grand travail à son usage journalier.

En 1858, sur une des pentes inférieures du

(1) La mangouste.

Gouraïa, montagne de plus de six cents mètres, qui domine la ville de Bougie étendue à ses pieds que baigne les eaux bleues de la Méditerranée, je venais de blesser un lièvre que mon chien d'arrêt était sur le point de saisir, lorsque je vis un gros raton, embusqué sans doute dans le ravin, sauter vivement à la gorge de mon lièvre, tandis que mon chien survenant l'empoignait par le train de derrière, et les voilà tous deux, non sans se grogner bien entendu, à tirer dur chacun de leur côté. Le raton acharné à sa proie et peut-être bien affamé oublia toute prudence, car il ne lâcha prise que lorsqu'il me vit à quatre ou cinq mètres de distance, c'est-à-dire trop tard pour éviter d'aller tenir compagnie au lièvre dans mon carnier.

Cet animal, comme on le voit, fait curée du gibier et affûte en outre tous les oiseaux, et notamment les perdrix rouges près du boire ombragé ; il détruit encore beaucoup de rats et de souris ; enfin, il donne volontiers au carnage faisandé ou non.

Je conseillerai au tireur d'employer au moins du plomb n° 5 pour le tuer, attendu que son poil rude le protége assez bien.

J'ai, une ou deux fois, mangé du raton ; mais

franchement j'avouerai que ce n'est pas trop bon ;
la chair conserve toujours, quelque habile que
soit le cuisinier, un goût de musc peu agréable,
et puis elle est constamment très-coriace.

———

LE CERF

—

Le cerf de l'Algérie m'a toujours paru de même
taille que celui de France, et je ne sais sur quoi
J. Gérard s'est basé pour dire qu'il est un peu
plus petit.

On ne le trouve que dans la province de Constantine et sur les frontières de la Tunisie.

La chasse à courre, praticable dans les forêts
du cercle de Tebessa, selon J. Gérard, ne l'est
pas du tout dans celles des cercles de Bône,
la Calle, Souq-Ahras et Guelma.

J'ai connu très-particulièrement un officier qui
s'était longuement entêté à chasser le cerf avec
des chiens courants dans les montagnes abruptes
et boisées des Beni-Salah et des Ouled-Bechia, et
qui, de guerre lasse, avait dû y renoncer, d'abord,

parce qu'en ces forêts vierges il ne pouvait guère suivre ses chiens, puis, parce que les panthères lui en croquaient de temps en temps quelques-uns, et enfin, parce qu'au bout de moins d'une heure de chasse, la bête ennuyée franchissait des escarpements de rochers, qui arrêtaient tout net les chiens les plus agiles et les plus acharnés à sa poursuite.

Les indigènes ne tuent le cerf qu'à l'affût; les renseignements qu'ils m'ont fournis me portent à croire fermement que ses mœurs et ses habitudes sont les mêmes qu'en Europe.

LE SANGLIER

———

J'ai souvent ouï dire que le sanglier d'Algérie
était bien loin, sous le rapport de la furie et du
courage, de celui d'Europe, et qu'il se laissait
même tuer aussi aisément que le porc.

Il y a du vrai dans cette assertion, si l'on ne
parle que des sangliers de marais, qui ont effectivement des allures débonnaires, — grâce sans
doute à leur genre de nourriture habituelle ; —
mais s'il s'agit du sanglier de montagne, de celui
surtout qui mange du gland, c'est une profonde
erreur ; car celui-là est plus dangereux en Algérie
qu'en France.

Je me contenterai de raconter ici une petite
aventure assez émouvante qui m'est arrivée près
de Bougie, et qui suffira, je pense, pour édifier le
lecteur sur la mansuétude de cet animal. C'était

à l'époque du rùt, et je chassais fort placidement la bécasse dans un ravin boisé, lorsqu'un grand sanglier de quatre-vingt-dix kilogrammes environ s'entêta à me pousser, à propos peut-être de mon chien d'arrêt qui s'enchevêtrait de son mieux entre mes jambes, des assauts répétés et fort peu plaisants, je vous le jure, pendant lesquels je parvins, mais non sans peine et sans risque d'avaries graves, à remplacer ma cartouche de n° 8 par une belle et bonne balle, qui me permit enfin de casser à bout portant la tête de cet importun.

J'ajouterai encore qu'on a trouvé couchés côte à côte un grand lion et un vigoureux sanglier, qui s'étaient tués en se battant, l'un pour manger, l'autre pour défendre sa vie.

D'où vient donc cette réputation de mansuétude si généralement adoptée? Quelle est la cause de cette erreur?

« C'est que ceux qui la soutiennent comparent
« tacitement le sanglier d'Afrique aux panthères
« et aux lions, dont le caractère fait pâlir celui
« des animaux inférieurs; c'est qu'ils ne réflé-
« chissent pas que le sanglier de France doit sa
« réputation à l'absence de si terribles concur-
« rents (Henri Béchade). »

LE SINGE

Les singes d'Afrique, qu'on ne trouve guère que dans la Kabylie, sont d'une assez grande taille ; j'en ai vu qui mesuraient étant assis sur leur derrière, près de quatre-vingts centimètres de haut. Leur robe, d'un brun sale, offre un reflet verdâtre auquel ils doivent leur nom de *singes verts.*

Je crois qu'il n'existe qu'une seule et même espèce établie dans les montagnes qui avoisinent Dellys, Bougie, Djijeli, Collo, Philippeville et Bône.

Par certains jours d'automne, dans la vallée dite des *Singes*, à deux kilomètres nord de Bougie, il m'a été donné d'assister invisible au défilé de plusieurs centaines de singes de toutes tailles,

qui, revenant de boire à la fontaine de la Marine,
regagnaient par la ligne de la plus grande pente
les crêtes escarpées de la chaîne du Gouraya. On
ne peut espérer jouir, vers quatre à cinq heures
du soir, de ce spectacle vraiment fort curieux,
que lorsqu'à la suite d'une très-grande sécheresse
toutes les sources de la montagne viennent à
tarir, parce qu'alors ces animaux n'ont plus pour
boire que celle de la vallée des Singes, qui ne
cesse jamais de couler abondamment.

Cependant, en juin 1853, dans une promenade
militaire, j'ai vu une fois ces mêmes crêtes, qui
semblaient désertes, se couronner comme par
enchantement d'une multitude de singes, attirés
sans doute par la sonnerie des clairons de l'infanterie.

Enfin une occasion bien rare s'est présentée à
moi. Dans une broussaille très-ravinée, mais dé-
garnie de grands arbres, avec deux chiens courant assez vite, j'ai chassé pendant une bonne
heure une vieille guenon, égarée sans doute ; car
d'habitude les singes se tiennent toujours dans
des endroits inaccessibles aux chiens comme à
l'homme.

Cette bête, dont j'ai conservé le masque, avait
perdu, je ne sais où, dans un piége peut-être, son

pied droit de derrière. La blessure était parfaitement cicatrisée, et l'animal, courant à quatre pattes, s'appuyait fort bien sur le moignon.

Au bout d'une heure d'une poursuite assez vive, et après plusieurs à vue, ma guenon avait fini par faire tête dans un énorme buisson presque impénétrable, et elle maintenait fort bien les chiens à distance. Il me fallut la tirer pour ainsi dire à bout portant.

Les singes font de grands ravages dans les jardins, vignes et vergers : aussi, menacé par eux dans ses produits, le Kabyle, qui est cultivateur, jardinier et amateur de raisins (mais non pas vigneron), emploie-t-il tous les moyens pour détruire cette engeance pillarde. Parmi eux, il en est un qui réussit presque toujours, bien qu'il semble au premier abord invraisemblable ; il ne manque pas d'une certaine originalité, et de plus ne prouve guère en faveur de l'intelligence si vantée du singe.

On fixe solidement dans le sol un vase en terre cuite, terminé par un goulot dans lequel l'animal peut assez facilement introduire sa main vide, et on le remplit de cosses de caroubier, de figues sèches, etc.

Notez bien que, pour réussir, il est presque essentiel que les singes vous voient travailler, ce qui ne manque jamais d'attirer toute leur attention, bien qu'ils demeurent invisibles pour vous.

Le singe, alléché et très-curieux, se hâte, aussitôt votre disparition, de venir examiner ce que vous faisiez. Il plonge sans hésiter son bras dans le vase et saisit vivement un fruit; mais, comme il ne peut ni retirer sa main pleine ni se résigner à lâcher ce qu'il tient, il se fâche tout rouge et se démène en criant et gesticulant comme un diable.

Soigneusement blotti à proximité, le Kabyle accourt avec force clameurs qui achèvent de faire perdre la tête au pauvre animal, dont il s'empare alors avec facilité en le recouvrant de son burnous.

Ce piége si simple réussit au moins huit fois sur dix.

Les Kabyles, comme les Européens, affûtent très-bien les singes qu'ils tuent au fusil ; on ne doit employer que du gros plomb pour ces animaux qui sont extrêmement vivaces, si on tient à leurs dépouilles.

Je ne parle pas de la chair qui ne peut jamais se manger.

LE LIÈVRE

———

En Afrique, comme en Europe, le lièvre de plaine est moins rouge et moins bon que celui de montagne.

Je n'ai jamais vu en Algérie de lièvre pesant plus de trois kilogrammes, et Dieu sait combien j'en ai enfouis dans mon vaste carnier !

Comme tout le monde, j'ai tué cet animal au chien d'arrêt, et je ne l'ai jamais vu s'y conduire autrement que celui de France ; seulement, je dois dire ici qu'à travers les vallées kabyles on perdrait ses peines à le chercher dans les étoules, les labourés ou les trèfles, attendu qu'il ne se tient guère qu'au milieu des buissons ou des massifs de tamarins et lauriers-roses qui bordent invariablement les petits cours d'eau du pays.

Chassé à courre, le lièvre d'Afrique est bien loin de déployer, pour dépister les chiens, les ruses si variées et si savantes de son frère européen ; il ne débuche en plaine que pour gagner un autre couvert, se rase, il est vrai, assez souvent, mais en revanche, il ne rebat presque jamais ses voies. Il manque encore de fond, aussi ne tient-il pas une heure quand il est bien mené ! S'il se sent près d'être forcé, il se réfugie dans le premier terrier venu, et se fourre même dans un simple trou, quelque peu profond qu'il soit. Pour se dérober, il sautera bien sur un rocher, mais je ne sache pas que jamais l'idée lui soit venue de se raser sur la fourche assez basse d'un arbre, etc.

Avec deux chiens courants passables, dans les broussailles qui avoisinent Bougie, j'en ai tué plus d'une centaine dans une seule année, et pas un seul n'avait été mené au-delà de trente minutes sans recevoir le coup mortel.

En Algérie, quoi qu'on en dise, la chair du lièvre est excellente ; cependant, je n'hésite pas à préférer celle du lapin de garenne, qui est assez commun dans les broussailles et montagnes de la Kabylie.

LA LOUTRE AFRICAINE

———

La loutre d'Algérie, que je n'ai trouvée que
dans le voisinage de la Méditerranée, à une ou
deux lieues au plus des côtes, est exactement la
même qu'en France. Seulement, j'ai pu constater
qu'elle mangeait aussi bien le poisson des lacs
saumâtres que celui des eaux douces. En est-il de
même dans les étangs salés du Midi? Y est-elle
aussi commune qu'en Afrique? C'est ce que
j'ignore.

Je ne terminerai pas ce chapitre sur quelques
animaux chassés en Algérie, sans exprimer ici
le vif regret que j'éprouve de ne pouvoir rien
dire de la gerboise, petit quadrupède fort curieux, sur lequel j'ai vainement interrogé bien
des gens qui avaient été en position de l'observer

de près, et qui, par malheur, n'y avaient point songé (1).

(1) Voir pour de plus amples détails sur les animaux dont je viens de parler :

La Chasse en Algérie, par Henri Béchade.
Bombonnel, le tueur de panthères.
Le Tueur de lions, par Jules Gérard.
L'Afrique du Nord, par le même.
La Chasse au lion, par le même.
Chasses au lion et à la panthère, par Benjamin Gastineau.
Mes chasses au lion (Jacques Chassaing).

QUATRIÈME PARTIE

ÉPISODES CURIEUX DE CHASSES EN ALGÉRIE

UN DUEL AU YATAGAN AVEC UN LION

—

Dans le courant de mars 1859, des Arabes du cercle de Guelma signalèrent à leur caïd un lion qui avait paru à la Mahouna, montagne au pied de laquelle est située la ville de Guelma.

C'était un grand vieux lion, à crinière très-noire, et le caïd Ahmed-Zin n'ignorait pas combien la visite de cet animal serait coûteuse à ses administrés.

Cependant il attendit encore quelques jours, dans l'espoir que ce lion tomberait dans une des quinze à vingt fosses (ou silos), qui étaient préparées déjà en prévision de ses terribles visites.

Mais, voyant que le seigneur à la grosse tête n'y donnait pas et continuait ses ravages ruineux, il le fit épier soigneusement et acquit enfin la certitude qu'il se rembuchait dans un profond ravin très-boisé, sur la pente nord de la Mahouna.

Jour fut pris de suite pour une battue à laquelle furent conviés et arrivèrent de nombreux cavaliers et fantassins bien armés.

Cette opération, conduite par Ahmed-Zin en personne, commençait au lever du soleil, et, comme à une heure de l'après-midi on n'avait rien vu, on décidait que la partie serait remise à un autre jour. En conséquence, le caïd congédie tout son monde et ne garde avec lui qu'une douzaine de fantassins intéressés dans un partage de terres dont il veut, profitant de l'occasion favorable qui se présente, s'occuper sur-le-champ.

Pendant qu'il traite sur place cette affaire, son neveu, jeune homme de dix-huit ans qui avait fait partie de la chasse, laissant le caïd à ses occupations, descend dans le ravin auprès duquel, de guerre lasse, la battue avait été arrêtée. A peine avait-il fait deux cents pas, qu'il se trouve nez à nez avec le lion, et avant qu'il ait pu songer seulement à armer son fusil, le canon est tordu et le jeune homme est sur le dos, ses deux épaules entre les griffes du lion, qui le regarde fixement.

C'en était fait de lui sans Ahmed-Zin, qui d'en haut avait tout vu. Sans prendre son fusil, sans même songer aux pistolets qu'il porte à la ceinture, n'écoutant que son amour pour le fils de son frère, il vole à son secours et saute intrépidement sur le lion le yatagan au poing ; sourd à la crainte, il frappe d'estoc et de taille ; son attaque et ses mouvements sont si brusques, que nul de ceux qui l'ont suivi n'ose faire usage de ses armes ; enfin les plus hardis mettent fin, à bout portant à ce duel inégal, et on peut relever le malheureux El-Haoussin, dont les épaules et les bras étaient affreusement déchirés (1).

Quant à Ahmed-Zin, son yatagan est tordu en spirale et son burnous est tout couvert d'un sang qui n'est pas le sien ; car, par un hasard miraculeux, il n'a reçu aucune blessure.

Ce chef est d'une bravoure fabuleuse, et il s'est peint lui-même par sa réponse à un Arabe qui lui disait qu'il avait été fou d'attaquer ainsi le lion à l'arme blanche ; voici cette réponse :

« Est-ce que je pouvais songer au danger, en voyant mon neveu bien-aimé en péril de mort ? »

Le lion, qui pesait près de deux cent cinquante kilogrammes, était littéralement déchiqueté en lanières et tout couvert de sang.

(1) Au bout de deux mois, El-Haoussin était guéri.

Cet exploit extraordinaire est connu à Guelma et dans ses environs par tout le monde, Français aussi bien qu'Arabes, et s'il n'a pas été livré plus tôt à la publicité, cela tient à plusieurs causes, dont une seule peut être sans inconvénient signalée ici :

La crainte de rencontrer trop d'incrédules !

C'est là, en effet, une effrayante histoire, dont l'imagination a peine à se retracer le tableau ; mais pourquoi ne pas y ajouter foi ?

Jules Gérard, dans une circonstance à peu près semblable, n'a-t-il pas pu s'approcher assez près du lion, qui tenait dans sa terrible gueule la tête de son Arabe, pour lui poser contre l'oreille le canon de son fusil, sans que l'animal ait fait mine de se retourner sur lui ?

Est-ce que pareille chose n'est pas arrivée au capitaine Saint-M..., qui a lâché à bout portant ses deux coups de feu dans le flanc gauche du fameux lion du Bou-Arif, lorsqu'il tenait Jacques Chassaing renversé sous lui ?

Jules Gérard explique avec raison cette inertie par la jouissance qu'éprouve le lion en foulant le corps de son ennemi, jouissance tellement vive, qu'elle lui fait même mépriser tout le reste.

Il n'en est pas moins vrai, d'après ce que pense

un de mes amis fort sceptique, qu'il y a bien peu d'oncles en ce monde capables d'en faire autant pour leurs neveux, et peut-être encore moins de neveux capables d'en faire autant pour leurs oncles.

UN LION OUTRAGEUSEMENT MYSTIFIÉ

Dans la plupart des tribus, on trouve nombre d'Arabes qui n'hésitent pas un instant à poursuivre un lion emportant un mouton qu'il a saisi dans l'enceinte du douar, et à le frapper même à coups de bâton, et ce à tour de bras.

Il arrive parfois qu'ils réussissent ainsi à lui faire lâcher sa proie, ce qui prouve surabondamment que les indigènes n'ont déjà pas si peur du roi des animaux que J. Gérard l'a prétendu.

Un ex-caïd des Verzliouas, tribu habitant une contrée où il y avait autrefois beaucoup de lions, qui se sont retirés depuis devant les cultures, m'a raconté un jour qu'après avoir ainsi enlevé un mouton au lion ravisseur, il l'avait saigné pour ainsi dire à sa barbe. Ayant les reins brisés, l'animal n'était plus bon que pour la cuisine.

Prévoyant que le lion, qui se tenait à quelque distance, reviendrait pour lécher le sang répandu, il y mêla son urine pour le narguer. Le lion revint en effet et s'aperçut du vilain tour qu'on venait de lui jouer; il poussa alors, en se retirant, un rugissement d'indignation tel qu'on n'en avait jamais entendu dans la vallée.

Ma mère, ajouta le vieux bonhomme (tout cela était un souvenir de sa jeunesse), ma mère, qui était une femme courageuse entre toutes, fut si effrayée qu'elle versa dans son sein la gargoulette d'eau qu'elle portait en ce moment à ses lèvres pour boire.

———

UNE MAUVAISE PLAISANTERIE D'UN LION

Il y a une trentaine d'années, Mohammed-el-Guerfi, des Ouled-Guer'ar (*Zerdeza*), était un berger alerte, vigoureux, entreprenant, et par suite fort prisé par les dames des tentes voisines.

Une nuit qu'après un rendez-vous qui avait été bien employé, il s'était couché au beau milieu de ses moutons, et qu'enveloppé avec soin de son burnous, il dormait du sommeil des bienheureux, il se sent tout à coup emporté très-rapidement et se réveille face à face avec un lion qui le tenait dans sa large gueule, le dépose au beau milieu d'un bourbier et va ensuite se poster à quelques mètres sur la berge, comme pour jouir de sa plaisanterie.

Mohammed, qui est aujourd'hui un grand et

beau vieillard à barbe blanche, eut le mauvais goût de se fâcher et d'injurier la noble bête, qui s'éloigna tranquillement en haussant sans doute les épaules.

Comme, fort heureusement pour lui, le lion n'était pas affamé, notre berger en fut quitte pour laver et réparer son burnous troué par les crocs du *seigneur à la grosse tête*.

PRISE AU BURNOUS DES LIONCEAUX
ET PANTHÉREAUX

———

Il arrive quelquefois à cinq ou six Arabes faisant du bois d'apercevoir un jeune lion ou une
jeune panthère, animaux égarés soit à la suite
d'une battue, soit à cause d'un incendie de forêt,
soit devenus orphelins.

S'ils sont bien sûrs de la mort ou de l'absence
des grands parents, l'un des indigènes se porte
rapidement à la refuite présumée, après avoir
pris soin de se couvrir la poitrine de son burnous
mis en double, et il se laisse choir de toute sa
hauteur sur la bête que les autres lui ont rabat-
tue ; lorsqu'il la sent bien sous lui, il ramène
avec force ses deux coudes, de manière à lui ser-
rer vigoureusement les flancs et à la maintenir

ainsi d'une façon solide ; puis il appelle ses compagnons, qui s'empressent d'accourir.

Aussitôt qu'ils se sont bien assurés de la position du captif, ils font glisser adroitement leurs burnous entre l'homme et la bête, de manière à emmaillotter leur prise et à se garantir ainsi des coups de griffe, qui ne laissent pas que d'être dangereux, même chez un très-jeune carnassier de cette espèce ; ils terminent en ficelant bien le tout avec des cordes de *diss* (1).

Cette première opération terminée, on met avec précaution la tête à découvert, on passe une laisse en *diss* au col de la bête et on lui ajuste une muselière de même substance. Quand on a fini ce travail si difficile et si dangereux, on passe successivement aux pattes de derrière et de devant, qu'on lie deux à deux avec soin, et enfin on attache ensemble les quatre membres.

Il va sans dire qu'on ne prend ainsi que des bêtes trop jeunes pour avoir la vigueur de se débarrasser, par un coup de reins, de l'homme du reste généralement très-fort qui attache résolûment le grelot.

(1) Espèce de grande herbe à deux tranchants, qui est toujours verte, et que les Arabes donnent à leurs chevaux et mulets.

Tous les lionceaux et panthéreaux vendus vivants sur les marchés ont été capturés de cette façon ; car la méthode que je viens de décrire est pratiquée un peu partout, mais notamment aux Sellaouas et chez les Zerdezas (cercle de Guelma).

LA PANTHÈRE PRISE AU FILET

———

Voici l'ingénieux et singulier moyen que les Kabyles ont imaginé pour prendre la panthère sans danger :

On recouvre une bergerie, c'est-à-dire un espace à ciel ouvert, enclos de murs en pierres et terre, ou d'une haie de deux à trois mètres de haut, d'un très-fort filet fait avec de l'halfa (1) ; il s'appuie sur de solides poteaux, de manière à se trouver tendu à environ un mètre au-dessus du sol, et à quelques décimètres au-dessous du sommet du mur que la panthère est obligée de franchir pour venir prendre un mouton.

(1) Sorte de jonc menu avec lequel les Arabes fabriquent des cordes et leur sparterie, et qui sert avantageusement de nourriture à leurs bestiaux.

Le carnassier, ne pouvant ainsi de l'extérieur apercevoir le piége, bondit en toute confiance et tombe dans le filet ; ses pattes passent par les mailles, qui ont près de trente-quatre centimètres de longueur, et comme elles ne peuvent atteindre le sol trop éloigné, l'animal se trouve sans points d'appui, et dès lors à l'entière merci de ses ennemis.

UN TÊTE-A-TÊTE A CHEVAL AVEC UNE PANTHÈRE

———

Au mois de juillet 1861, le caïd Mabrouk-ben-Djedid se trouvait au café des Ouled-Dieb, lorsqu'un berger accourut lui annoncer qu'une panthère, sortie en plein jour d'un nécha (1), venait d'abattre une vache.

Mabrouk envoie de suite chercher son cheval et son fusil double, et on emmène les chiens du douar le plus voisin, qui sont lancés dans le fort.

La quête n'est pas longue ; un des chiens revient de suite en hurlant du côté de Mabrouk, qui voit reluire derrière le mâtin les deux prunelles ardentes de la panthère.

(1) Les néchas sont des marais remplis d'arbres et impénétrables.

Sans hésiter, il tire presque au juger à travers ce fouillis de fougères, de ronces et de myrtes. La bête, atteinte sur les reins, s'élance d'un bond furieux sur le cheval, lui saisit la tête entre ses puissantes mâchoires et lui implante ses griffes antérieures dans les épaules, pendant que celles de derrière s'enfoncent dans le poitrail.

Deux fois le noble animal, fou de douleur, se cabre en battant l'air de ses pieds de devant, et deux fois il retombe en hennissant sans avoir pu se débarrasser de son terrible ennemi.

Rivé solidement à sa selle, Mabrouk n'a pas bougé. L'haleine de la panthère lui brûle le visage; le sang du cheval rejaillit sur lui : il reste impassible, et, saisissant avec un merveilleux sang-froid le moment où le cheval baisse la tête sous l'étreinte du carnassier, de son second coup de feu il brise à bout portant le crâne de la panthère qui roule en se tordant et expire aux pieds du noble coursier.

Les gens du douar, qui avaient fui pendant la lutte, arrivent alors en poussant des cris de triomphe et déchargent leurs longs fusils dans les flancs du carnassier étendu sans vie.

On apprendra avec plaisir, j'en suis certain, que le cheval s'est guéri de ses blessures, et on

répétera avec moi que ce drame, qui s'est passé
sur les bords de la Mafrag, entre Bône et la Calle,
ne prouve guère que la panthère soit un animal
inoffensif et timide.

UN CHANGE MERVEILLEUX
SUIVI D'UNE MYSTIFICATION A LA KABYLE

———

Le 13 mars 1865, un Bougiote nommé Landau, frère du meunier Guillaumy, partait, par un temps couvert et sans lune, pour l'affût du sanglier, emmenant avec lui Saïd-Arzoleck, garçon du moulin, et Arzequi, petit cheik des environs. Vers huit heures du soir, après avoir dépassé, en suivant la nouvelle route de Bougie à Sétif, la plaine des figuiers qu'arrose l'oued Aboukaran, il poste les deux indigènes et va s'installer ensuite dans le deuxième ravin après le village kabyle de Cherchour.

Vers une heure du matin, entendant les deux coups de feu de ses compagnons qu'il savait dépourvus de poudre, Landau, qui de son côté n'avait rien vu, se hâtait de les rejoindre, quand tout à coup un gros sanglier le croise de fort près ; il tire, et l'animal à peine rentré dans la broussaille pousse des cris affreux qui lui font supposer qu'il est atteint grièvement.

Il rejoint bien vite le poste de ses compagnons qui venaient de tuer un énorme porc-épic, donne deux charges à Arzequi en l'engageant à ne pas quitter son embuscade, et se hâte d'emmener Saïd-Arzoleck dès que son fusil est rechargé.

Ils gagnent à grands pas la broussaille dans laquelle ils pénètrent guidés par les cris du sanglier. Landau, qui tient la tête, distingue tout d'un coup une masse noire criant et se débattant à cinq ou six mètres de lui et tire au beau milieu ; mais ne voilà-t-il pas qu'à son coup de feu le damné sanglier s'esquive à toutes jambes et sans bruit ! Ils étaient donc deux, se dit Landau, puisque j'en vois encore un par terre !

Là-dessus il se précipite pour l'achever, mais il recule vivement avec Saïd à la vue d'une grosse panthère.

Retirés à une trentaine de pas, ils écoutent en regardant avec soin cette terrible bête ; puis, enhardis par sa persistante immobilité, ils lui lancent des pierres qui ne la font pas bouger, et

9.

enfin ils peuvent s'assurer que cette belle pan-thère est bien morte d'une balle reçue en pleine poitrine.

Ce grand félin avait évidemment saisi avec ses griffes le sanglier rentrant dans la broussaille, et c'étaient ses dures étreintes qui le faisaient si bien crier.

Sans se préoccuper le moins du monde du san-glier, Landau et Saïd rejoignent bien vite Arzequi et lui content leur succès inespéré ; là, on décide qu'il faut aller quérir une voiture au moulin, dis-tant de 7 à 8 kilomètres. Soit défiance ou pres-sentiment, Landau voulait rester à la garde de sa victime ; mais sur l'observation du cheik, que nul ne le savait et qu'aucune bête n'oserait tou-cher au cadavre, il se décide à partir avec ses deux compagnons.

Nos trois chasseurs venaient à peine de dépas-ser Cherchour qu'Arzequi, se ravisant, déclare qu'il est inutile que lui, qui habite ce village, aille jusqu'au moulin et qu'il vaut mieux qu'il garde la bête en les attendant. Ce désir tout natu-rel est favorablement accueilli par les deux autres, qui continuent leur route.

Après leur départ, au lieu de rester près de la panthère, Arzequi monte à son village, où il s'empresse de raconter l'aventure. « Tiens, lui dit son parent, tu n'as pas tiré? Pourquoi? Mais va donc bien vite lâcher tes deux coups sur la bête ! ce sera toi alors qui auras tué la panthère, et tu y gagneras l'honneur de la victoire, la prime (40 francs) et la peau. » Ce perfide conseil sourit au cheik, et il s'empresse de le suivre.

Arrive Guillaumy avec sa voiture. Ne trouvant pas Arzequi à l'endroit désigné par son frère, il monte au village de Cherchour, où il est reçu par le fameux parent, qui lui soutient avec effronterie que c'est le cheik qui a tué la panthère, que tous ont entendu les deux coups qui lui ont donné la mort, et qu'enfin le vainqueur est parti pour le camp du cap Aokas avec sa victime, qu'il veut offrir au commandant supérieur.

Notre meunier, en homme prudent, évite une collision et se rend au cap Aokas pour réclamer sa panthère à qui de droit. Trompé par Arzequi, le commandant refuse d'abord de la lui rendre, — la peau s'entend, car déjà la chair a été distribuée aux soldats, — mais Guillaumy tient bon, et, après avoir entendu Landau et Saïd-Arzoleck, le fourbe Arzequi est enfin démasqué, et l'honneur et la prime reviennent à Landau. Quant à la fourrure, elle reste au commandant supérieur, auquel déjà d'ailleurs Guillaumy la destinait.

La morale de cette véridique histoire, c'est d'abord que Landau l'a échappé belle en s'approchant de la panthère, qui, si elle n'eût été tuée roide, lui aurait fait un bien mauvais accueil ; et puis ensuite, c'est qu'il a eu grand tort d'accorder la moindre confiance à un Kabyle, pour lequel c'est œuvre pie de tromper, voler et même assassiner un roumi.

CHASSE DU LIÈVRE A COUPS DE PIERRES
EN KABYLIE

———

Pendant mon séjour en Algérie, j'avais pu me
convaincre de l'adresse merveilleuse avec laquelle
les Kabyles lancent les pierres, sans effort apparent, même lorsqu'ils envoient ces projectiles à
d'assez grandes distances; seulement, je pensais
que ce talent fort remarquable ne leur servait
que contre l'ennemi ou pour tenir à l'écart les
chiens si nombreux et si hargneux qui montent la
garde autour de chaque village. Mais le commandant Sainte-C...., des tirailleurs algériens, me
fit bien voir, un jour de joyeuse mémoire, qu'on
pouvait tirer à la chasse très-grand parti de cette
faculté remarquable.

Par une belle matinée de printemps, le commandant supérieur du cercle de Bougie, Sainte-C.... et moi, nous étions en train de battre, avec nos chiens d'arrêt, les broussailles assez peu fournies qui se trouvent entre la rive gauche de l'Oued-Summam et les montagnes des M'zaïa, lorsque nous entendons deux coups de feu magistralement espacés, et puis... le cri ordinaire de Sainte-C.... « Il est touché ! Il est touché !! » qui retentissait invariablement après chacune de ses détonations. C'était un lièvre, qui, présumé blessé à mort, détalait à toutes jambes pour gagner sur le versant de la montagne une petite broussaille dans laquelle il disparaissait à nos yeux.

Comme ce maquis était isolé, et d'ailleurs d'une faible étendue, nous eûmes bientôt fait de le cerner, et nous voilà à attendre le résultat de la fouille opérée avec grande ardeur par le commandant et les siens; tout à coup, nous entendîmes un des deux tirailleurs, qui escortaient invariablement de Sainte-C.... dans toutes ses chasses, crier à tue-tête : « Morto ! morto ! » Il avait aperçu à plus de dix pas le pauvre lièvre rasé dans la broussaille assez claire, et lui avait adroitement cassé la tête avec une pierre pesant près d'un kilogramme.

Ce résultat me fit parfaitement comprendre

pourquoi ledit commandant tuait pas mal de lièvres, bien qu'assez médiocre tireur au poil, et aussi pourquoi ses deux turcos inamovibles avaient toujours bourré de pierres le capuchon de leurs burnous, sans compter celles qui ne quittaient jamais leurs mains.

Je finis en recommandant fort ce genre de chasse aux disciples de saint Hubert qui pourraient se donner le luxe de s'y faire accompagner par un ou deux turcos chargés de pierres ; car chacun sait qu'il n'y a pour ainsi dire que des Kabyles dans les régiments de tirailleurs algériens.

MON PREMIER LYNX EN ALGÉRIE

———

Dans la plaine de Bougie, entre la petite rivière et l'Oued-Summam et tout près de la mer, se trouve un beau moulin à vent entouré d'anciens puits romains fort bien conservés, et qui fournissent une eau très-fraîche et généralement fort bonne.

Entre ce moulin et les sables de la Méditerranée végète une zone d'assez maigres broussailles, d'une largeur moyenne de cent mètres. Vers 1851 et 1852, ce maquis était fort giboyeux, et j'y ai roulé bien des lièvres ; au printemps, c'était là qu'on tuait toujours les premières cailles.

Une après-midi de 1851, si ma mémoire est bien fidèle, en parcourant cette broussaille avec mon pauvre Lolo, un chien d'arrêt bon sur terre et à l'eau, qui périt misérablement avant l'âge de la retraite sous les roues d'une prolonge d'artillerie, et que j'ai pleuré, je vis, à peu près à hauteur du moulin, fuir devant lui, à une assez grande distance, un animal qui me parut être un lièvre.

En suite de cette croyance, je me hâte de sortir du maquis du côté de la mer, et de le longer en courant l'espace de deux à trois cents mètres pour gagner une espèce de détroit assez clair, passage forcé du lièvre, si, comme je le supposais, il essayait d'atteindre les fourrés impénétrables qui bordent l'Oued-Summam. Bien masqué, j'attends l'œil au guet; après quelques minutes de patience, je vois tout d'un coup passer à une vingtaine de pas de moi un animal qui marche en se rasant avec soin, et que je tire pour un lièvre. Je m'approche aussitôt, et que vois-je tué roide? Un superbe lynx mâle! Je n'essayerai pas de vous dire la joie que j'éprouvai.

Le lynx a les griffes moins acérées que le chat-tigre, parce qu'il court bien plus; ainsi, avec des chiens courants, ce dernier ne se fait jamais chasser un quart d'heure; tandis qu'une fois, dans les montagnes des M'zaïa, avec mon ami Masselot, escorté de sa Bellone et de son Finaut, j'ai vu

un lynx se faire battre deux bonnes heures dans
un fourré trop épais pour nous, et finalement
rebuter les chiens.

DEUX AFFUTS A L'HYÈNE

Je n'ai jamais pu tuer de bécasses à la passée
du soir, par la raison très-simple que, si je les
entendais fort bien, en revanche je ne les voyais
guère, disons mieux, je ne les voyais pas du tout.

Cela tient à la faiblesse de ma vue, et cette in-
firmité à moi bien connue aurait dû m'empêcher
d'aller jamais me poster le soir ou la nuit.

Un mien ami me fit tant d'instances, en janvier
1850, à Constantine, qu'un beau soir je me laissai
sottement entraîner sur le Coudiat-Aty, à l'affût
de l'hyène.

Postés avant la chute du jour, chacun de notre
côté, dans des espèces de fosses distantes d'environ huit à dix mètres de deux chevaux abattus le
matin, nous respirions depuis longtemps un air

qui ne sentait pas la rose, lorsqu'il me sembla voir sur ma gauche un animal assez gros qui marchait tout doucement à une assez faible distance ; je le tire à balle franche en visant de mon mieux.

Devinez ce que c'était ? Un homme !!! qui gagnait à quatre pattes une fosse voisine de la mienne pour y affûter comme moi. Au coup de fusil, mon quadrupède humain bondit sur ses deux pieds en criant comme un diable, et moi je me mis à trembler si fort que mon arme m'échappa des mains.

Après m'être bien assuré que cet homme n'avait aucun mal, je n'eus rien de plus pressé que de regagner Constantine, où j'arrivai encore tout pâle de frayeur, et jurant bien qu'on ne m'y reprendrait plus.

La meilleure preuve qu'il me soit possible de vous donner que j'aie bien tenu mon serment, c'est que je n'étais pas au deuxième affût que je vais vous narrer.

J'avais pour ordonnance (ou brosseur), à Bougie, un artilleur nommé Pommier, qui voyait clair la nuit comme un chat-tigre, tirait pas mal un coup de fusil, et m'importunait depuis longtemps pour obtenir la permission d'aller affûter une énorme hyène qui rôdait toutes les nuits aux alentours de l'abattoir extra-muros de la ville.

Je cède enfin un soir à ses instances, et le voilà qui court bien vite s'embusquer dans un gros buisson distant d'environ huit mètres du cadavre d'une vache kabyle que les gypaètes avaient déjà pas mal déchiquetée.

Disons ici en passant que ce sont ces oiseaux le jour, et les hyènes et les chacals la nuit, qui sont seuls chargés de faire disparaître les charognes qu'insoucieusement dans le pays personne n'enterre.

Comme il y avait un peu de lune, j'augurais assez favorablement de l'affût de mon homme, posté quelques minutes avant neuf heures du soir.

Vers onze heures, je le vois rentrer chez moi dans un état à faire pitié ; il est nu-tête ; son pantalon et sa blouse sont tout déchirés, et il a la figure et les mains couvertes de sang ; il tremble de tous ses membres et n'a plus de fusil.

Ce n'est qu'au bout d'une grande demi-heure que je puis parvenir à lui arracher le récit suivant :

« Lorsque j'ai vu l'hyène, me dit-il, elle touchait
« la vache ; j'ai tiré dessus, et de suite après j'ai
« été culbuté par elle dans mon buisson, sans pos-
« sibilité de faire feu du second coup ; sentant ses
« griffes qui me travaillaient ferme, je me suis
« débarrassé, je ne sais comment, et mis à fuir

« bien vite sans regarder derrière, me croyant
« toujours poursuivi par cette terrible bête. Je
« n'ai commencé à me rassurer un peu qu'en ar-
« rivant près du poste du parc aux fourrages, et
« c'est là seulement que je me suis aperçu de la
« perte de mon fusil. »

Le malheureux poltron était évidemment de
bonne foi dans son récit; mais, comme j'ai l'in-
time conviction que l'hyène, blessée ou non, est
trop lâche pour l'avoir attaqué, je vais essayer
de faire comprendre comment, à mon avis, les
choses ont dû se passer.

Au coup de feu, l'hyène, qui n'a pas d'odorat
et qui n'a pu voir son agresseur, s'est sans doute,
en se sauvant au hasard, jetée sur le buisson de
mon homme, qui a perdu la tête, et, dans sa
frayeur extrême, en fuyant avec précipitation à
travers les broussailles bien garnies de ronces et
d'épines sur ce point, a laissé choir fusil et coif-
fure, et mis en loques ses vêtements.

Je terminerai en disant que cette burlesque
aventure, qu'il a toujours persisté à voir du côté
tragique, m'a définitivement débarrassé des vel-
léités affûtantes de mon belliqueux artilleur.

LE COUP DE SIFFLET ENCHANTÉ

———

Vers 1858, j'emmenais souvent à la chasse avec moi un courtier maritime de Bougie, nommé Grasson.

C'était bien le plus drôle de corps qui se pût voir : s'effrayant et s'amusant de rien, toujours gai et toujours prêt à jouer un petit air avec les jolies filles qui se trouvaient sur son chemin, et auprès desquelles il ne perdait pas trop sa peine ; car, malgré sa figure en écumoire, il était fort prisé des belles, à cause de sa guitare, de son chant harmonieux, de son esprit naturel, et surtout à cause de son entrain.

Comme il n'y voyait pas de l'œil droit et ne pouvait épauler que de ce côté, je lui avais fait faire une crosse brisée, qui lui permettait de viser avec l'œil gauche, et je dois dire ici qu'au bout de quelques jours d'exercice son fusil avait cessé d'être dangereux pour ses compagnons de chasse, mais l'était devenu pour le gibier.

Quand nous allions chasser dans la montagne, comme on partait de bonne heure, j'avais soin d'envoyer à une fontaine bien connue à l'avance un soldat porteur des vivres.

Une fois arrivé à ce rendez-vous, je n'avais rien de plus pressé, étant baigné de sueur, que de me bien boutonner, et même de passer une blouse par-dessus ma veste de chasse ; tandis qu'invariablement maître Grasson se dépouillait de ses habits, etc., et, nu comme un ver, se prélassait en plein soleil, sans nul souci de l'effet qu'il produisait, dans ce costume primitif, sur les femmes kabyles qui, venant sans défiance puiser de l'eau à la fontaine, se sauvaient à sa vue en poussant des cris d'effroi, je n'ose dire... de pudeur !! Ce régime, qui m'aurait procuré une bonne fluxion de poitrine, ne lui a jamais causé le moindre malaise, pas même un rhume de cerveau.

Après un de ces repas, dont je me souviens encore avec tant de plaisir, nous venions de quitter la montagne pour descendre en plaine, où nous voulions tuer quelques cailles et râles de genêts, lorsque nous fîmes la rencontre du menuisier Gartner, qui avait de jolies filles et était par suite l'ami de Grasson, l'amoureux infatigable des onze mille vierges, etc.

Cet homme venait de manquer deux lièvres et s'arrachait les cheveux de désespoir, en nous disant avec des larmes dans la voix : « Oh ! jamais je n'en tuerai ! Ils courent trop vite ! ! ! »

Nous essayons de le consoler en lui remontrant que cela viendra bientôt, et qu'il ne faut pas se décourager ainsi. Notez bien qu'il ne chassait guère que depuis une trentaine de jours, et que déjà il ne tuait pas mal la plume.

Mais notre homme, en véritable Allemand qu'il est, ne nous écoute pas et s'entête dans son désespoir ; ce que voyant, je me risque à lui dire que je sais un moyen infaillible pour faire arrêter net un lièvre lancé à toute vitesse. Il va sans dire qu'aussitôt Gartner s'attache à mes pas et me persécute jusqu'à ce que je lui aie dévoilé ma recette. Après m'être fait bien longtemps prier et lui avoir fait jurer un secret inviolable, je lui murmure mystérieusement à l'oreille : « Avec un bref et « vigoureux coup de sifflet vous interloquez le « lièvre dans sa course rapide, et il s'arrête *court*

« pendant quelques secondes, dont on profite pour
« le tirer avec succès. »

Deux ou trois heures après cette facétieuse
confidence faite très-sérieusement et écoutée de
même, Gartner tuait un lièvre avec ma recette,
et, avant le coucher du soleil, tous les Bougiotes
la connaissaient par mon fanatique, qui en disait
merveilles, même à ceux qui, pour cause, ne
voulaient pas l'entendre. Mais, hélas! après avoir
si bien réussi la première fois, je ne ne sais par
quel hasard, ne voilà-t-il pas qu'ensuite le sifflet
ne procure plus de triomphes à notre chasseur,
qui, après plus de cent essais infructueux, est un
beau jour contraint de confesser publiquement
que la fameuse recette n'est qu'une mauvaise fa-
cétie! Tout Bougie en a ri de bon cœur, et aujour-
d'hui encore, les mauvais plaisants du pays, lorsqu'ils voient Gartner partir avec son chien noir
pour la chasse, ne manquent jamais de lui crier :
« N'oubliez pas le sifflet !!! »

Je finis ce bavardage en déclarant qu'au bout
d'une année d'exercice, le menuisier, qui avait
du coup d'œil et de longues jambes à sa disposition, était parvenu, grâce à sa ténacité toute ger-
manique, à rouler assez proprement les lièvres de
la Kabylie.

UN EX-HUSSARD DE CHAMBORAN

———

Nommé commandant de place de Bougie, vers
1855, à l'âge de cinquante ans, le capitaine de
cavalerie C..... était à la chasse, pour laquelle
il s'était épris d'une passion un peu tardive, l'être
le plus amusant que j'aie connu de ma vie.

Cet excellent et digne homme, consciencieux
jusqu'au bout des ongles, se faisait de la moindre
chose une affaire d'État, et on ne saurait s'ima-
giner les soins minutieux auxquels il était littéralement en proie lorsqu'il avait prémédité une
partie cynégétique. Il se passait alors à lui-même
une véritable inspection de détail, et en faisait
autant pour son arme, sa poire à poudre, ses
capsules, sa carnassière, son plomb et ses bourres,
sans oublier son chien, le terrible Marquis, dont

la bouillante et indisciplinable ardeur faisait son désespoir.

A l'époque des cailles (avril), ne pouvant l'empêcher de faire une charge à fond sur chaque oiseau qui se levait, et non plus, sous peine de ne pas tirer, le tenir en main, il eut un jour la singulière fantaisie de fixer la corde à sa ceinture.

Le succès ne se fit pas attendre, et, au départ de la première caille, le pauvre homme, renversé violemment, laboura avec son nez la prairie dans laquelle nous chassions, encore bien heureux, du reste, que son fusil ne vînt pas lui jouer un mauvais tour. Il va sans dire que cette rude mésaventure lui démontra pour la vie combien son invention laissait à désirer. J'ai toujours cru qu'elle lui avait été malicieusement suggérée par un commandant de la garnison, qui connaissait la crédulité de C.....; il suffisait en effet qu'un officier d'un grade supérieur lui racontât la plus incroyable des histoires pour qu'il y eût une foi aveugle, tant chez lui était poussé loin le sentiment de la discipline.

La première fois qu'il vint à la chasse avec moi, comme j'allais au lac, je lui avais bien recommandé de mettre de fortes bottes. Devinez ce qu'il avait fait? Il s'était chaussé de minces souliers vernis armés d'éperons! Pas n'est besoin de vous apprendre qu'au bout d'une heure de quête il marchait sur ses bas, et dut, bon gré mal gré, rentrer en ville sur le dos de mon ordonnance bien heureux de la faible pesanteur du bonhomme, que la graisse ne gênait pas pour courir. Ajoutons ici que ses éperons, qu'il s'entêta pendant plusieurs mois à garder en chasse, lui procurèrent d'assez nombreuses culbutes, et qu'on ne saurait croire la peine que j'ai eue pour lui en faire perdre l'habitude; il ne s'y décida même que sur mon refus formel de le conduire en montagne dans un accoutrement aussi dangereux.

Il se servait à la chasse d'un léger fusil à baguette, calibre 28 ou 30, qu'il chargeait économiquement, en poudre surtout. Eh bien! jamais je n'ai pu lui faire comprendre pourquoi avec mon Lefaucheux, calibre 16, et une charge vigoureuse, je tuais bien plus loin et plus roide que lui. Chaque fois que cette supériorité se manifestait sous ses yeux, jamais il ne manquait d'être saisi d'étonnement et d'une espèce d'admiration jalouse.

Impossible de découvrir un homme aussi craintif quand venait la nuit; bien avant le coucher du soleil il me prêchait pour rentrer, et, si je ne cédais pas à ses prières, je ne faisais, pendant notre retraite dans les ténèbres, que l'entendre gémir et énumérer lamentablement toutes les mauvaises chances qui se pouvaient présenter : péril d'être tué par les indigènes; danger de se perdre, ou, vu l'absence de routes tracées, de choir dans quelques trous et fossés, ou enfin, de faire la rencontre d'un grand carnassier en quête de son souper. Dieu seul sait quelles chimères d'effroi lui passaient alors par la tête, et il ne commençait à se rassurer que quand nous arrivions devant le poste du magasin aux fourrages, situé proche et en bas de Bougie. Et encore, une fois rentré en ville, il fallait l'ouïr détaillant avec feu toutes les dangereuses rencontres que nous aurions pu faire, et s'écriant d'un ton lamentable et d'un air convaincu : « Ce diable de Garnier ne « veut jamais rentrer! il lui arrivera pour sûr « malheur un beau soir, et moi qui reste bête- « ment avec lui, je partagerai son triste sort, etc. »

De ma vie je n'ai vu d'homme aussi infortuné que lui, le jour où il se crut obligé de me suivre dans un village kabyle pour m'y faire rendre, bon gré mal gré, un lièvre qu'un gamin venait de me voler. A l'entendre, nous n'obtiendrions rien, et

ne pourrions en outre manquer d'être assassinés!
Aussi, quand, en dépit de ses sinistres prédic-
tions, nous sortîmes sains et saufs avec mon gibier
du terrible village, fut-il longtemps à se demander si sa tête était bien encore sur ses épaules!

Le capitaine C..... était cependant très-brave,
et je crois que toutes ces terreurs étaient chez lui
bien plus nerveuses que réelles; c'est là du moins
la seule explication qu'il m'ait été possible de
trouver.

A propos de la frayeur invincible que lui inspiraient les grands félins qu'il voyait partout en
imagination, je citerai deux incidents de chasse
choisis au hasard dans le nombre, et qui m'ont
bien fait rire. Un jour que nous cherchions des
perdrix rouges dans un massif de broussailles
assez maigres sur le territoire des M'zaïa, je vois
tout d'un coup l'ex-chamboran accourir à moi,
les traits affreusement bouleversés; à l'entendre,
il venait de tomber sur une énorme panthère!
Sachant qu'il ne rêvait au bois que d'animaux
féroces, je ne m'émeus guère, et, quelques instants plus tard, je pus m'assurer que la cause de
cette terrible frayeur n'était qu'un chat-tigre de
la grande espèce, que je parvins à joindre et à
rouler d'assez près.

Une autre fois, il faillit tomber en syncope à l'apparition subite d'une fort belle hyène, qu'il me fut malheureusement impossible de tirer à bonne portée.

Si je voulais narrer ici toutes les aventures comiques du pauvre C..... à la chasse, ce serait à n'en plus finir. Pour ne pas fatiguer le lecteur, je me bornerai à la suivante :

Nous chassions un jour au chien d'arrêt sur les premiers versants des montagnes qui encerclent la plaine de Bougie, et nous venions de tuer quelques cailles, lorsqu'un lièvre déboule à ses pieds ; il le tire de ses deux coups, et voilà Marquis, qui l'a vivement poussé, en train d'aboyer avec rage à l'entrée d'une espèce de terrier. C..... y court bien vite, plonge son bras et saisit la queue d'un gros raton qui grogne d'une formidable façon. Éperdu, il allait abandonner la place, quand survenant, j'envoie un coup de fusil dans le trou, et je retire, à l'aide de son long appendice, l'animal foudroyé.

Nous cherchons vainement ensuite le lièvre soi-disant blessé à mort ; selon sa louable habitude, notre chasseur l'avait bel et bien manqué.

Rien de plus curieux que le spectacle de l'ex-chamboran, qui était d'une propreté exquise et soignait sa tenue même à la chasse comme une petite maîtresse, quand je le faisais patauger dans le marais; impossible de garder son sérieux à la vue des soins inutiles qu'il apportait dans le choix des endroits pour poser ses pieds, et de ne pas éclater de rire à l'audition de ses petits cris de détresse quand le sol noirâtre cédait un peu sous son poids.

Retraité un peu avant 1862, notre homme s'était retiré à Mustapha supérieur près d'Alger, où il continuait à broussailler; c'est là que je lui laissai deux excellents chiens d'arrêt qu'il connaissait bien, et que je n'emmenais pas en France à cause de leur âge, et c'est là aussi qu'il mourut en 1864, vivement regretté par tous ceux qui, comme moi, avaient pu apprécier son bon cœur, sa rare politesse et sa parfaite loyauté.

LA MACREUSE COIFFÉE

—

Au sud-est de Bougie, de l'autre côté de l'Oued-Summam, en suivant les bords de la Méditerranée, on voit un petit lac d'eau saumâtre, qui jadis communiquait en tout temps avec la mer, dont les vagues maintenant n'y arrivent plus que par les grandes tempêtes; il a environ six cents mètres de long sur une largeur moyenne de moins de deux cents.

On y trouve quelques rares bécassines, pas mal de poules et râles d'eau, des hérons, des butors, des poules sultanes, des flamants, et beaucoup de canards et de sarcelles; les vanneaux, les pluviers et les ibis verts aiment son voisinage; mais sa véritable population, ce sont les foulques, qu'on nomme dans le pays improprement *macreuses*.

Bien qu'on y en voie en toutes saisons, c'est surtout après les pluies torrentielles de novembre que leur nombre est si grand que le lac en paraît tout noir.

On choisit cette époque pour y faire des volées aux foulques comme sur les vastes étangs du midi de la France; seulement, on se borne ici à deux ou trois barques bien garnies de fusils, vu le peu de largeur du lac, dont les bords sont d'ailleurs occupés par de nombreux tireurs, qui se cachent de leur mieux dans les joncs et les broussailles. C'est là une charmante partie de plaisir à laquelle prend part tout ce qui peut se procurer une arme à feu.

Dans les premiers jours de décembre 1856, après une volée aux foulques, qui avait été très-gaie et très-fructueuse, je me trouvais dans une barque avec deux ou trois amis, et nous nous divertissions à faire tirer à poudre seulement, et à son insu, l'un de nous, aujourd'hui général (1), sur une macreuse fort écloppée que nous aurions tuée sans peine à coups d'avirons, si c'eût été notre désir, lorsque tout d'un coup, après une nouvelle décharge que l'oiseau avait subie sans

____

(1) Mort à Metz en 1867.

même froncer le sourcil, nous fûmes tous pris d'un fou rire à la vue de la pauvre bête qui se tenait roide et fièrement sur l'eau, la tête coiffée d'une bourre de papier blanc, qui lui faisait un bonnet d'un effet si drôle, qu'un mort lui-même, à ce singulier spectacle, n'aurait pu garder son sérieux. « La macreuse coiffée ! la macreuse coiffée ! » nous écriâmes-nous tous ensemble, et les folles plaisanteries d'aller leur train jusqu'au retour en ville.

Depuis cette époque, on ne dit plus à Bougie : « Je vais chasser sur le lac, » mais bien : « Je vais coiffer une macreuse. »

Pour consoler notre aimable ami de la petite mystification, qu'il avait du reste digérée en homme d'infiniment d'esprit, nous lui remîmes le soir même, entre onze heures et minuit, à bord du vapeur qui devait l'emporter à Alger, un grand sac contenant plus de quatre-vingts foulques qui furent toutes mangées avec délices dans la capitale de l'Afrique du Nord.

J'ai entendu bien souvent les méridionaux soutenir *mordicus* que la foulque faisandée fournissait un excellent rôti, tandis que d'autres *ejusdem farinæ* la préféraient de beaucoup en civet ou salmis ; ayant tâté de ces trois apprêts, je puis, en parfaite connaissance de cause, affirmer que cet oiseau n'est, quoi qu'on fasse, qu'un détestable manger.

Pour que le lecteur puisse se faire une idée exacte des jouissances cynégétiques qui attendent au lac les disciples de saint Hubert, il me suffira de mettre sous ses yeux le joli et laconique bulletin que j'adressai, le 18 avril 1862, au *Journal des chasseurs*. Le voici :

« Tué hier, au lac de Bougie, avec mes deux
« vieux chiens nés en Afrique, et que je n'ose
« emmener en France :

« Un lièvre, six cailles, six râles perlés, deux
« foulques, onze poules d'eau, quatre ibis verts,
« deux râles de genêts, un butor, deux oiseaux
« de proie (grands émerillons), un canard et quatre
« sarcelles. Parti de Bougie à midi. Rentré à sept
« heures du soir. Deux lieues et demie aller et
« retour à pattes. »

Pour compléter cet attrayant tableau, disons encore que de temps en temps on a la chance de tomber, en juillet, août et septembre, sur une petite outarde endormie au soleil dans les chaumes, ce qui procure le plaisir d'un beau coup de fusil.

SINGULIERS COUPS DE FUSIL

Premier fait. — En 1854, dans la plaine de Bougie, au moment où je tirais une caille avec un fusil à baguette, du calibre 20, et chargé de plomb n° 10, un homme surgit d'un fossé et reçoit le coup à soixante-huit mètres. Sa poitrine nue voit quelques grains s'engager d'environ moitié de leur diamètre dans la peau ; je les retire très-facilement avec l'ongle. Cette opération terminée sans médecin, mon homme se plaint vivement d'une grande douleur au bras droit ; j'examine la chose, et je vois à l'attache interne de ce bras et du poignet une blessure qui me fait supposer qu'un grain de plomb des n°s 1 ou 0 a dû se glisser dans ma charge.

Le blessé entre à l'hôpital, et, au bout de qua-

torze jours, on sent au coude une tumeur dont
on retire, à l'aide d'une légère incision, une
grappe de seize grains de plomb très-fort, adhé-
rents les uns aux autres. Cette grappe aurait certes
bien pu tuer mon homme si elle l'eût atteint en
pleine poitrine, puisqu'elle avait parcouru dans
les chairs du bras une longueur de vingt-cinq à
vingt-sept centimètres.

Deuxième fait. — Avec un fusil à baguette du
calibre 14, chargé de plomb n° 6, je tire, venant
droit sur moi, un corbeau, à une hauteur de plus
de soixante-dix mètres; à la grande stupéfaction
de mon brave ami Cotelle, commandant de place
à Bougie, cet oiseau tombe roide mort, et nous
ne lui voyons d'autre blessure que celle qu'une
balle franche aurait pu lui faire, c'est-à-dire que
les deux tiers de la tête avaient été enlevés très-
nettement.

Troisième fait. — Toujours dans la plaine de
Bougie, sur la rive droite de l'Oued-Summam, je
tire avec un Lefaucheux, calibre 16, plomb n° 6,
à une distance de quatre-vingt-dix mètres, sur
un méchant chien kabyle qui chargeait vivement
ceux de MM. Lacabanne et Bouvier, mes compa-

gnons de chasse. Cet animal, d'assez forte taille et d'un poil long et rude, frappé au flanc droit, fait encore quatre ou cinq pas et tombe mort. Je l'examine, et je vois, à huit centimètres en arrière de l'épaule, un trou pareil à celui d'une balle ; je n'ai pu malheureusement retirer cette grappe, qui était fortement engagée dans le corps.

Conclusion. — En présence de ces trois faits, choisis par moi au milieu de bien d'autres plus ou moins semblables, irez-vous follement vous fusiller comme je l'ai vu faire bien des fois dans des accès de téméraire gaieté? Oserez-vous raccourcir d'un coup de feu votre fidèle compagnon de chasse quand il s'emportera sur le gibier? J'espère bien que non ; car la formation de la grappe est un phénomène beaucoup plus commun qu'on ne le suppose ; il se produit surtout quand le canon est encrassé ; mais il a lieu aussi même alors que le canon vient d'être nettoyé. Enfin, c'est un cas qui se présente, ainsi que j'ai eu occasion de le vérifier moi-même, avec les charges les plus variées comme poudre et plomb, et avec tous les modes de chargement usités.

LE LAC DE LA PLAINE

J'ai parlé ailleurs, à propos de macreuse coiffée,
du lac de la plaine de Bougie, et j'ai déjà dit, je
crois, que ce lac, situé sur le bord de la Méditerranée, avec laquelle il communiquait jadis, se
trouvait sur la rive droite de l'Oued-Summam.

Aujourd'hui, je reviens à ce cher petit lac, sur
lequel j'ai fait de si bonnes et si joyeuses parties,
de 1851 à 1862, c'est-à-dire pendant une douzaine d'années.

Cygnes noirs et blancs, poules sultanes, flamants, hérons variés, butors, engoulevents, bécasses dans la saison d'automne ; après les pluies
torrentielles de novembre, foulques, poules d'eau,
canards et oies, sarcelles, bécassines doubles et
autres, râles et marouettes, ibis verts et noirs,

pluviers, vanneaux, et puis des bandes innombrables d'étourneaux, voilà ce qu'on y trouvait en abondance, sans compter que les broussailles plus ou moins épaisses, qui lui font une ceinture toujours verte, fourmillaient de lièvres, lapins, ratons, loutres, etc., et que, de plus, attirés par l'appât du gibier blessé, des chacals, lynx et chats-tigres s'y donnaient fort souvent rendez-vous, et offraient ainsi aux chasseurs l'heureuse chance de les rouler au moment où ils s'y attendaient le moins.

En vérité, je vous le dis, ce bon petit lac était le paradis terrestre, pendant l'été surtout, c'est-à dire de mai à décembre, et je ne saurais vous faire comprendre à quel point je le regrette.

Alimenté par un ruisseau à berges abruptes et boisées, dans lequel se plaisaient canards, sarcelles, poules d'eau, bécassines et râles, et qui y déverse les eaux parfois abondantes des Beni-Mimoun, ce lac voyait en outre, par les grandes tempêtes du nord-est, les vagues de la mer y arriver par nappes fort étendues. Aussi son niveau ne baissait-il sensiblement par l'évaporation que vers la fin de l'été, et c'est alors que les surfaces mises à nu répandaient dans les environs une odeur qui n'était pas précisément celle de la rose. Mais, par contre, à cette époque de l'année, quelles belles chasses étaient réservées à l'amateur assez intrépide pour ne pas compter avec la fièvre, récompense presque inévitable de son ardeur imprudente! j'en sais quelque chose, mais passons.

Il y avait d'abord, sur la rive opposée à la mer, un petit îlot de joncs, séjour favori des poules sultanes, que je n'ai jamais trouvées que là, sans compter que c'était aussi le refuge de prédilection des canards blessés; puis il existait, de l'autre côté, une anse assez profonde, qui avait vraiment le monopole des volatiles estropiés, sarcelles, foulques, poules d'eau, etc., et que, pour cette raison, le commandant supérieur de Bougie, aujourd'hui colonel, avait baptisée poétiquement du nom d'*hôpital*. Nombre de fois, à cette place, il m'est arrivé, sans brûler une amorce, de voir mes intrépides chiens, Lolo, Fox et Tom (dont je parlerai plus loin), saisir et me rapporter en quelques minutes dix à douze pièces plus ou moins maléficiées, que mon soldat faisait *avec volupté* disparaître dans un carnier assez vaste pour servir de salle de danse à un chevreuil; le susdit troupier n'ignorant pas qu'il en aurait sa part, attendu que je lui abandonnais invariablement toutes les foulques capturées, à cause de mon peu de goût pour ce gibier, si fort prisé cependant, dit-on, par les amateurs du Midi.

Quand on arrivait au lac, il était fort rare de ne pas jouir du spectacle d'un ou deux Kabyles embusqués dans les joncs avec leurs fusils de deux mètres de longueur, détonnant comme des pièces d'artillerie, et lançant sur les foulques et canards qui s'aventuraient près d'eux des masses indescriptibles de menus projectiles; c'étaient des débris et rognures de balles, des morceaux de clous ramassés de ci de là, et avec lesquels ils réussissaient parfois à mettre à mal une ou deux pièces qu'ils allaient chercher à la nage. Jamais je ne leur ai vu un chien dressé à aller ramasser et rapporter leur gibier, et rien, pas même l'habitude, ne pouvait émousser la profonde stupéfaction que leur causait l'élan avec lequel mes chiens se lançaient au rapport des morts et à la poursuite des blessés. Ils n'en pouvaient revenir !

Il faut dire aussi que ces braves toutous n'y allaient pas de patte morte, et qu'une poursuite d'une demi-heure et plus même, sans prendre pied une seule fois, ne leur coûtait guère, et qu'à peine revenus à moi avec leurs prises, ils repartaient de plus belle.

Cent fois j'ai dû les rappeler dans la crainte

de voir leurs forces trahir leur courage et de les exposer à se noyer. Vers le soir, après ces violents et pénibles exercices, il m'est arrivé souvent, surtout si la brise était un peu forte ou fraîche, de trouver mes pauvres chiens hors d'état de me suivre pendant les cinq kilomètres de la retraite sur Bougie, et, maintes fois, il m'a fallu les faire emporter en ville, et les tenir ensuite bien enveloppés de laine, devant un bon feu, pendant une heure ou deux. Oh! les excellentes et vaillantes bêtes! trop vaillantes même, puisque aucune n'a pu vivre plus de huit à neuf ans. J'ai abusé de leur courage, *confiteor!* et je m'en repens! Ma seule excuse, c'est l'effrénée passion de la chasse qui me dominait alors, et puis, dans ce pays perdu, je n'avais, hélas! que cette seule distraction; voilà pour les circonstances atténuantes de ma barbarie.

Tous les dimanches, une centaine de fusils sortant de Bougie se rendaient invariablement au lac; c'était alors une pétarade continuelle. Aussi me serais-je bien donné de garde de ne pas y aller chaque lundi matin pour faire la récolte des estropiés; il m'est arrivé maintes fois alors d'y voir prendre par mes chiens quinze à vingt pièces sans tirer un seul coup de fusil.

11.

Jamais ma course n'était infructueuse, car il était bien rare que mes toutous ne fissent pas capture d'une dizaine d'écloppés au moins. Il fallait surtout les voir suivant avec une rectitude mathématique la piste des oiseaux sur l'onde saumâtre, et fréquemment, à l'endroit où ils avaient disparu, plonger leur tête en entier sous l'eau, infructueusement parfois, mais bien souvent aussi pour ramener la pièce saisie, malgré l'effet du coup salé bu en même temps.

Mes plus fortes razzias se faisaient encore le lendemain des volées aux foulques; ces lendemains-là, mon immense carnier ne suffisait pas à loger toutes les épaves.

A deux kilomètres, en remontant le ruisseau encaissé qui amenait dans le lac les eaux des Beni-Mimoun et des sources intermédiaires plus ou moins salées, on arrivait dans une plaine moitié découverte et moitié boisée qui était le rendez-vous général des bécassines. A la fin de novembre, on y trouvait dans les broussailles des bécasses en abondance, et puis, du côté de la montagne, tous les petits fourrés regorgeaient de lièvres, lapins, etc. Aussi, quelles délicieuses parties de chasse j'ai faites dans ces bons endroits-là ! Rien que d'y penser, l'eau me vient encore à la bouche.

En 1851, vers la fin d'avril, je faillis bien trouver que tout n'était pas rose au charmant et si giboyeux petit lac de la plaine.

Le chérif (1) Bou-Bargla prêchait la guerre sainte dans le haut de la vallée de la Summam, et un officier attaché au bureau arabe de Bougie venait de me dire que la rive droite de cette rivière n'était pas très-sûre, vu la fermentation des esprits, lorsque le docteur Laure, médecin aide-major au 8ᵉ de ligne, qui périt si misérablement en 1852 à la colonne de la neige, en traversant un ravin à sept kilomètres de Bougie, vint me relancer pour une course au lac. Interrogé par moi sur la sécurité du lieu, le commandant supérieur du cercle, M. de Wengy, chef d'escadron d'état-major, ne fit que rire des craintes que je lui exprimais, et cependant, après moins de deux heures de chasse, il nous fallait battre rapidement en retraite et regagner au plus vite le pont de bateaux établi sur la Summam et gardé par un poste fortifié de vingt-cinq hommes, qui recevaient des coups de fusil peu après notre passage. J'ai su depuis par un de nos Kabyles poursui-

(1) Voir pour la signification de ce mot, *la Chasse en Algérie*, de Henri Béchade, ch. III, p. 215-226.

vants que, sans l'invincible crainte que leur inspiraient nos quatre chiens français pour leurs jambes toujours nues (et j'ajouterai aussi le respect salutaire dû à nos trois bons fusils), nous aurions eu maille sérieuse à partir avec une douzaine d'indigènes embusqués dans les broussailles.

Si, après deux heures de chasse, nous battîmes avec grand à-propos en retraite, cela tint aussi à ce que, mis déjà sur mes gardes par le bureau arabe, j'avais fait la remarque qu'il n'y avait pas une seule tête de bétail dans la plaine, qui d'habitude en regorgeait. Or, je savais très-pertinemment que leur disparition prouvait d'abord qu'on les avait mis en lieu sûr, à l'abri d'une razzia, et qu'ensuite cette précaution était l'indice à peu près certain qu'une insurrection allait éclater. C'est effectivement ce qui eut lieu dès le lendemain chez toutes les tribus de la rive droite. — Un jour plus tard et leur masse nous écrasait ; nous échappâmes parce que nous n'avions eu affaire qu'à quelques maraudeurs plus pressés que les autres et devançant le mot d'ordre de leur chef.

C'est dans les broussailles de ce lac qu'un bouillant officier de turcos (tirailleurs algériens) reconnut, à sa grande surprise et à ses dépens,

qu'il existait en Afrique une espèce de porc res-
semblant à s'y méprendre au sanglier.

Nous venions de faire une volée aux foulques
qui avait été assez fructueuse, et nous devisions
gaiement sur le bord en attendant l'heure fixée
pour le départ, lorsqu'un grand diable de négro,
ordonnance du susdit officier, revint à nous de la
broussaille, tout courant et gesticulant, pour nous
baragouiner qu'il y avait des sangliers dans le
maquis.

En un clin d'œil, des balles sont glissées dans
nos fusils, et nous voilà en route sous la conduite
du négro, qui, tout à coup, indique à son officier,
par un geste expressif mais silencieux, un gros
point noir sur lequel celui-ci s'empresse de lâcher
ses deux coups à la fois. Au bruit de la détonation,
nous voyons fuir à toutes jambes et avec force
grognements, cinq à six porcs du pays que nous
respectons, bien entendu, trouvant que c'était
déjà bien assez de la malheureuse victime de l'officier de turcos, car il avait hélas! tué roide une
magnifique truie prête à mettre bas, qu'il lui fallut, cela va sans dire, payer fort cher au meunier
du voisinage.

Pour faire suite à ce burlesque incident, qui
nous avait fait rire jusqu'aux larmes, mais qui ne

sembla pas aussi divertissant à l'imprudent chasseur, je vais vous raconter une autre méprise, qui, quelques années plus tard, se produisait sur le bord de la mer, presque aux portes de la ville, alors que nous revenions du lac à la tombée de la nuit.

Un jeune et brillant capitaine de voltigeurs, voyant passer sur sa tête une bande d'oies qui revenaient de la mer et regagnaient la plaine, faisait feu de ses deux coups, ramassait trois écloppés, poursuivait le reste, tout en rechargeant, au pas de course, et finalement rapportait à Bougie, sur le dos de son ordonnance, six de ces oiseaux réputés sauvages par leur meurtrier, mais qui, au cercle militaire où il les avait étalés par gloriole, furent bien vite déclarés domestiques.

Il va sans dire qu'on en rit beaucoup, et que l'assassin dut indemniser le propriétaire des volatiles ; j'ajouterai, à regret, que le coupable n'eut pas l'esprit de rire tout le premier de sa mésaventure, et même qu'il ne m'a jamais franchement pardonné les quelques joyeuses plaisanteries que j'avais cru pouvoir me permettre. Que voulez-vous ? tout le monde n'a pas un bon caractère !

CINQUIÈME PARTIE

RÉCITS DE CHASSES EN FRANCE ET EN CORSE

CHASSE DES BÉCASSINS SUR LA SAONE

———

Les chasseurs de la Saône connaissent plusieurs espèces de bécassins, qui tous appartiennent à la famille des bécasseaux.

Je ne m'occuperai ici que du plus commun, qui n'est évidemment autre chose que le bécasseau-maubèche (*Tringa-canutus*, Linné), dont voici le signalement tracé de main de maître par le docteur Chenu, dans sa *Chasse au chien d'arrêt*, p. 107, édit. de 1851 :

« La maubèche a le bec d'un noir verdâtre ; il
« est droit, un peu plus long que la tête et renflé
« à l'extrémité. La gorge et le ventre d'un blanc
« pur ; les sourcils, le front, les côtés et le devant
« du cou, la poitrine et les flancs blancs, mais

« variés de petits traits bruns et de bandes trans-
« versales d'un brun cendré. La tête, le cou, le
« dos et les scapulaires d'un cendré clair avec les
« baguettes brunes ; le croupion et les couver-
« tures de la queue blancs avec des croissants
« noirs ; les pattes d'un vert noirâtre. Longueur
« $0^m,23$ à $0^m,25$. »

Les bécassins remontent la Saône en mars-avril ;
mais on ne les chasse pas à cette époque trop voisine de la saison des amours, parce qu'alors leur
chair, déjà échauffée, ne procurerait qu'un rôti
fort médiocre, et parce qu'à ce moment on trouve
d'autres gibiers d'eau plus intéressants à poursuivre en barque.

Ils affectionnent tout particulièrement les gravières que l'eau découvre l'été en baissant. C'est
là où, matin et soir, on les voit faire leur toilette
et poursuivre, en courant très-vite, les insectes,
larves, petits vers et mollusques, dont ils se nourrissent exclusivement ; mais vous les y cherche-
riez en vain pendant le milieu du jour, car alors
ils quittent le rivage pour s'en aller faire la sieste
dans les prés voisins ; quelques chasseurs, il est
vrai, prétendent, bien à tort selon moi, qu'au lieu
de dormir sur l'herbe, ils y livrent une guerre
acharnée aux petites sauterelles ; c'est là une pro-

fonde erreur, et je n'hésite pas un instant à vous garantir leur dédain absolu pour tout insecte non aquatique.

Les bécassins nichent dans le voisinage de la Saône; mais ils préfèrent en général, pour leur ponte, les berges des petits cours d'eau à celles des grandes rivières qui leur offrent moins de sécurité. Leurs nids sont extrêmement difficiles à découvrir; aussi ne peut-on arriver qu'approximativement à établir le chiffre de la famille en se basant sur l'effectif des plus petites bandes, qui varient de sept à dix, et encore faut-il s'y prendre dès les débuts de la couvée, c'est-à-dire en juin; car déjà, dans les premiers jours de juillet, on rencontre fréquemment des bandes de vingt à trente individus. J'ai oublié plus haut de dire qu'au printemps, sous l'influence des amours, ces oiseaux tendent à s'isoler par couple.

Les vieux praticiens disent, et ils n'ont ma foi pas tort, que la canalisation de la Saône, en y maintenant un niveau presque invariable, et d'ailleurs plus élevé qu'autrefois, a diminué le nombre et la superficie des gravières, et que par suite le chiffre de ces oiseaux s'est considérablement réduit.

Voyons maintenant de quelle manière on pratique cette petite chasse sur la Saône, entre Seurre et Gray, matin et soir.

L'embarcation employée se nomme *arlequin*, à cause sans doute de l'extrême facilité avec laquelle elle tourne et chavire. On la construit tantôt en chêne et tantôt en sapin; l'arlequin en chêne est plus lourd à conduire, mais il dure plus longtemps et danse moins sur l'onde agitée; s'il est en sapin, on le mène plus aisément, il tire moins d'eau et se trouve, à cause de sa légèreté même, moins exposé à embarquer des vagues; mais en revanche, sa durée et sa résistance aux chocs sont bien moins grandes.

Voici les principales dimensions d'un arlequin pour la chasse à deux, le tireur et son conducteur :

Longueur totale environ.......... $4^m,00$

Hauteur du bordage............. $0^m,33$

Largeur au milieu $\begin{cases} \text{du fond......} & 0^m,77 \\ \text{en haut......} & 1^m,00 \end{cases}$

L'avant et l'arrière sont pontés sur une longueur, le premier, de $0^m,65$ à $0^m,75$, le second, de $0^m,80$ à $0^m,90$. Le premier doit supporter la cage et l'arme, tandis que le second, à l'aide d'une petite porte à charnières, fournit au chasseur une véritable armoire pour abriter ses provisions, sa batterie de cuisine, ses effets de rechange, etc.

C'est contre ce coffre que doit s'asseoir l'homme qui conduit l'embarcation. J'ajouterai que l'avant est tenu aussi effilé que possible, mais que par contre l'arrière est terminé brusquement et verticalement par une coupure de $0^m,56$ de largeur en haut, et au fond de $0^m,30$ environ.

La cage, qui doit être très-verte et bien fournie, sous peine de ne pouvoir joindre les canards, n'a pas besoin de tant d'artifice quand on n'en veut qu'aux bécassins, et il suffit alors de quelques brins d'osier empruntés aux rives pour en faire une très-convenable ; enfin, vers le milieu de l'arlequin, on en disposera une deuxième pour masquer le rameur.

Au lieu de l'énorme canardière qu'on emploie pour le grand gibier d'eau, on se contente d'un assez long fusil, calibre 14 ou 16, chargé, suivant l'état hygrométrique de l'air, de trois grammes et demi à quatre grammes et demi de poudre, et de trente à trente-cinq grammes de plomb n° 9.

Avant de s'asseoir (d'aucuns se couchent sur le côté au fond de la barque) sur un petit tabouret placé presque au milieu de la longueur de l'arlequin, le tireur dispose la cage et son long fusil aussi en arrière que possible de l'avant, qui, de cette façon, se trouve moins chargé, ce qui facilite singulièrement la rapidité de la marche du bateau et la besogne assez délicate et rude du rameur ; car, disons-le hautement, la principale difficulté dans cette chasse, c'est de bien conduire l'embarcation à l'aide d'une rame ferrée à son extrémité, et longue de deux à trois mètres, les voguettes à supports fixes ne valant absolument rien à cause de l'inévitable bruit qu'elles produisent. On évitera avec le plus grand soin les coups de rames contre les plats bords, et tout ce qui pourrait imprimer des oscillations à la barque, qui, si on veut approcher le gibier, doit arriver sur lui sans mouvement apparent ; c'est ce qu'on appelle *chevaler*.

Pendant qu'on chevale, le tireur doit avoir bien soin de rester immobile ; car le gibier d'eau a la vue perçante, et le moindre mouvement qu'il aperçoit à travers la cage l'effraye et lui fait prendre la fuite.

Le tir par lui-même ne présente pas de difficulté, surtout quand on possède un conducteur habile ; cependant une bonne vue, de la patience et du sang-froid pour profiter du moment où les bécassins se groupant offrent plus de prise aux coups, sont les qualités indispensables pour bien réussir.

Cette chasse est beaucoup plus fatigante qu'on ne pourrait le croire, et voici pourquoi :

Les bécassins opèrent leur passage juste au moment où les chaleurs sont le plus intenses ; les rivières sont en général encaissées, et vous êtes encore abrités par la cage et les parois de la barque ; vous vous trouvez donc par ce fait dans une véritable étuve en plein soleil, et pas la moindre brise pour vous rafraîchir !

Ajoutez à cela que le maniement de la rame est fort pénible, et puis que, le bécassin n'étant point paresseux pour traverser la rivière, si on ne parvient pas à le tuer à la première rencontre, il vous faut dans ce cas gagner l'autre rive en remontant le courant, afin de pouvoir descendre sans bruit pour l'y surprendre. Pour peu que vous soyez contraint de répéter plusieurs fois cette manœuvre, la fatigue vous gagne et la chaleur vous fait bien vite tirer la langue.

Pour réussir à cette chasse, on doit autant que possible, j'oubliais de le dire, longer le rivage de manière à se confondre avec les plantes ou les saules qui le bordent.

Si la poursuite à deux est pénible, vous pouvez vous figurer ce qu'elle devient quand le chasseur opère seul. L'arlequin, il est vrai, voyant alors ses dimensions diminuer de près d'un tiers, devient moins lourd à conduire ; malgré cela, la tâche est bien rude, et on rencontre peu d'amateurs pour l'affronter résolûment.

Certains jours, en dépit de toutes les précautions, il est impossible d'aborder les bécassins, tandis que d'autres fois vous les approchez de si près que vous ne sauriez tirer sans en faire de la chair à pâté.

Quand vous verrez le bécassin inquiet quitter le bord de l'eau, se jeter sur le haut des berges, voltiger sans cesse et fuir de fort loin votre approche, préparez votre parapluie ! Le beau soleil, qui vous a perfidement engagé à fréter votre petit navire, vous prépare un plat de sa façon. Le bécassin, en effet, est un baromètre qui ne ment jamais !

Cet oiseau, matin et soir, annonce sa présence par un petit cri perçant que le chasseur expérimenté reconnaît facilement ; j'ai néanmoins remarqué que les plus experts sont souvent induits en erreur par le chant de l'alouette, qui, dans un certain passage de sa romance, imite à s'y méprendre le cri du bécassin.

Cet oiseau blessé plonge très-bien ; pour peu que l'eau soit agitée, on le perd de vue aisément, et alors il faut renoncer à sa stérile recherche, soit qu'il se coule dans les roseaux, soit même qu'il gagne la prairie. Achevez donc les blessés aussi vite que possible avec un petit fusil qu'on emporte *ad hoc*.

Je connais des chasseurs qui, vers le milieu du jour, allument du feu sur la berge, préparent leur déjeuner et leur café, et enfin y fument leur pipe jusqu'au moment où la poursuite des bécassins peut redevenir fructueuse.

Sur la basse Saône, appelée *Grande-Saône* dans le pays, l'arlequin beaucoup plus long est lesté de telle sorte que son bordage dépasse à peine l'eau ; le chasseur, couché tout de son long, conduit seul sa barque à l'aide d'un gouvernail que ses pieds manœuvrent, et à l'aide de deux voguettes si courtes que ses mains baignent constamment ; ce bain continu, s'il n'a pas d'inconvénient l'été, doit être en revanche l'hiver une chose bien pénible. N'oublions pas en finissant d'ajouter que la faible élévation de cet arlequin au-dessus des eaux permet de supprimer la cage, même pour chevaler les canards.

Le bécassin de l'année est gras et tendre ; il procure un rôti délicieux quand on a soin de le mettre à la broche aussitôt après sa mort, car sa graisse est peut-être encore plus susceptible de rancir que celle de la caille et du râle de genêts. Quant aux vieux parents, ils vous fourniront un salmis qui ne manque pas d'un certain mérite.

LES BÉCASSES DE L'EST DE LA FRANCE

———

. Un de mes bons amis, colonel d'artillerie,
me disait dernièrement qu'il y avait bien des
chasseurs à la bécasse, mais qu'il en était peu
qui s'y entendissent parfaitement. Cette opinion
m'expliquait les succès ordinaires à cette chasse
d'un mien camarade, M. Voituret (Édouard),
d'Auxonne, qui en tue généralement six à sept
fois plus que nous, parce qu'il possède une
chienne parfaite, et de plus une connaissance
approfondie de nos massifs boisés; j'ajouterai
qu'il est tenace et patient, qu'il ne ménage pas
ses jambes, et qu'enfin il a un coup de fusil fort
remarquable.

Mon ami le colonel, qui aime cette chasse avec
passion, est d'avis que le tir de la bécasse est bien

difficile en général, et il n'hésite pas à soutenir que celui de la bécassine l'est beaucoup moins, parce qu'il ne varie pas; que dès lors c'est affaire d'habitude, tandis que, dit-il, celui de la bécasse change à chaque instant. Sans parler ici des difficultés inhérentes aux lieux où cet oiseau pose d'ordinaire, je dois avouer que je partage entièrement cette manière de voir.

Il croit que, dans l'Est, nous avons des bécasses toute l'année (1), et que, si nous n'en voyons guère après avril, cela ne tient qu'à ce qu'elles se cantonnent alors dans des fourrés inextricables où on ne met guère le nez, à moins d'y être contraint; mais aussi, il admet que des sécheresses prolongées les obligent, pour vivre, à gagner momentanément les versants nord des montagnes boisées voisines, munies de sources vives.

Enfin, il prétend qu'en mars nous ne tuons que des bécasses de pays, ou encore des bécasses chassées par des neiges accidentelles, soit de la forêt Noire, soit des Vosges, soit du Jura, et il affirme que, lorsque dans ce mois on tombe sur un lot de six à sept oiseaux, cela ne dénonce pas

---

(1) J'ai vu plusieurs fois, en février et mars, des œufs que l'oiseau dérangé par moi couvait au milieu d'un petit tas de feuilles mortes.

un passage, mais bien un rassemblement de mâles courtisant une femelle en amour.

Selon lui, le véritable passage des bécasses venant du Sud (Asie, Afrique, îles méditerranéennes, Italie, etc.) ne se fait dans l'Est qu'en avril, ce qui est peu agréable, parce que nos intelligents préfets ne manquent jamais, par leurs arrêtés, de nous interdire toute chasse à partir du premier jour de ce mois.

J'ai dit, en commençant, que mon ami, que j'ai vu réussir là où je ne faisais rien, prétendait que peu de chasseurs savaient chasser convenablement la bécasse ; voici la méthode qu'il indique, avec ses observations sur les heures de la journée :

« De grand matin jusqu'à huit heures, on lève beaucoup de bécasses, il est vrai, mais elles ne tiennent pas l'arrêt, piètent ferme, partent de loin, et par suite on n'en tire guère.

« De huit heures à une ou deux heures de l'après-midi, elles ne se lèvent pas et échappent à l'œil du chasseur et au nez du chien par leur complète immobilité.

« Enfin, de deux heures jusqu'au soir, comme elles recommencent à piéter, les chiens les trouvent ; mais souvent elles ne partent pas à portée, et il est bon, dès lors, de ne pas être seul si on veut réussir.

« Si vous voyez filer une bécasse hors de portée, ou que vous soyez empêché de tirer, gardez-vous bien de faire le moindre bruit, mais étudiez attentivement la direction de son vol; si rien ne l'a effrayée, vous la trouverez à soixante ou quatre-vingts mètres au plus; arrivé là, fouillez avec soin les alentours, surtout près des clairs, et vous serez récompensé de votre persistance opiniâtre.

« Lorsque vous avez vu ou tué une bécasse dans un endroit, ne manquez jamais d'y repasser; car, en cherchant bien, il y a gros à parier que vous en retrouverez d'autres. Ces oiseaux affectionnent certaines places, notamment celles où on a fait du charbon, les alentours des mares quand il fait chaud, et, en général, le voisinage des petites lignes et des clairières.

« Par les temps pluvieux, un chasseur intelligent fuira le fourré et les trouvera dans les jeunes coupes.

« Il est des lieux privilégiés pour la bécasse, ce sont les massifs de houx; c'est là qu'il faut les chercher de préférence à tous autres endroits. Dans les forêts qui en sont peu fournies, vous leverez ces oiseaux le long des ruisseaux, au plus épais des trochées, où leur présence vous sera dénoncée, si vous êtes bon observateur, par de certaines taches blanches dont l'origine n'a pas besoin d'être indiquée.

« Elles sont là ! c'est vrai, mais elles ne bougent pas ; pour les faire partir, arrêtez-vous de temps en temps et regardez bien partout ; souvent une bécasse, sur laquelle vous avez le pied, ne part qu'après plusieurs minutes de halte. »

Comme on le voit, c'est une chasse de patience et de ténacité à laquelle ne réussissent que les gens bien doués ou qui ont une foi robuste en saint Hubert.

UNE BATTUE DANS LA COTE-D'OR

—

Lorsque les sangliers d'une forêt ravagent sérieusement les territoires qui l'avoisinent, le maire adresse une demande motivée au préfet, qui autorise une ou plusieurs battues à l'aide de traqueurs, l'emploi des chiens demeurant interdit après la fermeture de la chasse d'une manière formelle, défense qui, dans la pratique, n'empêche pas avec raison de garder en laisse un chien courant qu'on ne lâche que sur les animaux grièvement blessés qui, sans son aide, seraient toujours perdus.

Il est des communes qui payent leurs traqueurs, ce qui devient assez coûteux ; d'autres en trouvent de bonne volonté pour quelques verres de vin qu'on leur donne au bois à la fin de la battue ;

mais il arrive aussi qu'en certains endroits il n'est pas possible de s'en procurer. Dans ce dernier cas, les ravages continuent si le préfet n'envoie pas un des louvetiers du département.

A Lamarche-sur-Saône, où j'ai vu faire plusieurs battues, les traqueurs abondent, et l'opération, à défaut du louvetier, est conduite, d'après l'arrêté du préfet, par un garde général assisté de ses agents subalternes, brigadier et simples gardes forestiers.

Le chef de la battue dispose comme il le juge à propos du gibier tué, qui, en bonne justice, devrait être laissé à l'adjudicataire de la chasse, ou mieux au maire qui, en le distribuant aux traqueurs, stimulerait ainsi fort énergiquement leur zèle.

Les traqueurs, au lieu de rester pour ainsi dire livrés à eux-mêmes, devraient être conduits et surveillés par des gardes ou chasseurs aguerris qui, étant mêlés avec eux, maintiendraient l'ordre de marche prescrit, les empêcheraient de s'emboîter le pas au lieu de garder leurs distances, renverraient les fainéants, et enfin refouleraient à coups de fusil les animaux qui cherchent encore assez souvent à forcer la ligne des rabatteurs, surtout quand elle présente quelques vides.

On voit accourir à ces battues, qu'ils soient ou non porteurs d'un permis de chasse, tous ceux qui possèdent ou peuvent se procurer un fusil; aussi, dans cette foule armée, combien d'imprudents, de maladroits et d'incapables! De là des accidents terribles. Pour y remédier, le garde général, qui ne connaît guère tous ces gens-là, ne devrait-il pas s'en rapporter à l'adjudicataire, qui, étant d'ordinaire du pays, en sait bien plus long que lui à leur égard, et exclure de la battue les tireurs qu'il lui signalerait comme dangereux? S'il n'a pas en la circonstance des pouvoirs assez étendus, c'est tout simplement déplorable; mais s'il en a, et s'il ne consulte pas ou n'écoute pas l'adjudicataire, n'assume-t-il pas, en cas d'accidents funestes, une terrible responsabilité morale?

Ces critiques observations faites pour l'acquit de notre conscience, nous n'oublierons pas de dire que, dans ces traques, il est formellement défendu de tirer d'autres animaux que le loup, le sanglier, le renard, le blaireau et le chat sauvage. Quiconque contreviendrait à cette prescription, serait sûr, séance tenante, de se voir déclarer un bel et bon procès-verbal, sans préjudice d'expulsion immédiate.

Il me reste maintenant à vous raconter quelques épisodes burlesques qui se sont passés sous mes yeux pendant la battue de 1864.

Placés, le ventre au bois, sur la grande ligne sommière de la forêt de Lamarche, à cinquante pas environ les uns des autres, nous attendions immobiles le résultat de la traque qui s'effectuait dans l'enceinte, lorsque tout d'un coup je m'aperçois que mes deux voisins (1) immédiats de droite n'étaient plus à leurs postes. Inquiet de cette disparition, parce que je connaissais bien leur inexpérience, je vais de suite à leur recherche, et je les découvre dans le bois, à quelques pas de l'autre côté de la sommière, assis derrière un gros buisson et en train de déjeuner, ne se doutant guère que, placés ainsi, ils s'exposaient très-fort à recevoir les chevrotines et balles que mon nouveau voisin de droite et moi aurions pu envoyer aux animaux traversant la sommière entre nous deux. Il me fallut insister beaucoup pour leur faire comprendre la gravité de leur imprudence et les faire retourner aux postes qui leur avaient été assignés et qu'ils n'auraient dû quitter sous aucun prétexte.

(1) Un officier d'administration et un lieutenant d'infanterie.

A peine réinstallés, l'un d'eux déploie fort tranquillement son journal, et le lit avec une si grande attention qu'un superbe chat sauvage peut, autant dire, lui passer entre les jambes sans qu'il s'en aperçoive.

Quelques instants après, j'entends sur ma gauche deux coups de feu et crier hallali! c'était une bête noire, d'une quarantaine de kilogrammes, qui venait d'être fusillée par un major et un capitaine entre lesquels elle passait; comme la balle de ce dernier traversait de part en part l'animal tombé roide, on réussit à peu près à prouver au premier que c'était bien lui qui l'avait tué. Mais au dessert, dans l'auberge renommée qui nous réunissait le soir, il ne conserva aucun doute sur son succès, quand les malins forestiers lui eurent fait hommage, et en grande pompe encore, de la trace élégamment enrubanée. Seul, le vieux colonel du régiment, qui tenait garnison à Auxonne, ne parvint jamais à ajouter une foi complète au triomphe cynégétique de son major.

Le même jour, après quelques instants de repos, on attaquait une autre enceinte, de laquelle sortirent, à une quinzaine de pas de moi et à ma gauche, une laie de soixante kilogrammes, et un marcassin de vingt-cinq à trente, que je faillis manquer tous deux, grâce à l'absurde conduite d'un garde forestier, ancien sapeur du génie, qui, pendant que je suivais, le doigt sur la détente, ces animaux traversant l'un après l'autre, à quelques secondes d'intervalle, la ligne sommière large de huit mètres, bien résolu à ne faire feu qu'à la rentrée au bois, ne cessait de me crier à toute volée dans les oreilles : « Tirez donc ! mais tirez donc ! » Bien heureux encore s'il s'était borné à des cris, et s'il n'avait, hélas ! joint les gestes aux paroles. Le malheureux, en effet, me donnait à chaque phrase une bourrade dans le dos, et m'empêchait ainsi de faire un beau coup double. Je manquai le marcassin et faillis bien ne pas atteindre la laie, qui reçut ma balle à pointe d'acier dans les pieds de devant, dont l'un fut brisé, et l'autre simplement traversé sans fracture, à dix ou douze centimètres de terre. Au bout d'une demi-heure environ de poursuite à l'aide d'un chien, la pauvre bête, qui ne pouvait plus courir, fut tuée au ferme.

LES COLINS D'UN CURÉ DE LA COTE-D'OR

———

Dans une petite promenade que je viens de
faire en Côte-d'Or, j'ai eu occasion de causer des
colins de la Californie avec un brave curé qui en
a élevé une demi-douzaine en 1865, et qui m'a
paru assez étonné d'apprendre que tout le monde
n'avait pas réussi dans cette éducation, qu'il considère cependant comme bien facile.

Ses six élèves sont très-familiers, montent sur
la table quand il dîne, et se promènent par tout
le presbytère, entrant et sortant à chaque instant
de leur cage posée à terre.

Au moindre bruit insolite, ils courent vivement
se cacher et se rasent comme des perdreaux ;
mais ils se rassurent très-promptement.

Ces oiseaux se localisent parfaitement ; je vous

citerai l'exemple de l'un d'eux, qui, dans un moment de vif effroi, brise un carreau de la fenêtre et disparaît ; puis, deux jours après, lorsqu'on le croyait bien perdu, réintègre paisiblement le presbytère comme une poule domestique.

Ils aiment la société et se rappellent comme les perdrix quand ils sont isolés ; je ne saurais vous dire avec quel empressement ils se hâtent de se grouper en famille.

Cet oiseau me paraît courageux ; il a du reste un bec conique assez fort, chez le mâle surtout, qu'une perdrix femelle, leur compagne, me paraît craindre beaucoup, car elle fuit à la moindre démonstration hostile avec une vitesse remarquable.

Une souris, qui s'était fourvoyée dans la chambre où est leur cage, a été assaillie si vigoureusement par ces colins, que le curé a pu la tuer très-aisément ; il y avait là un ferme assez curieux.

Passons maintenant à la question de l'élevage, qui peut se faire dans nos climats, soit en chambre, soit en plein air sous un arbre.

Notre curé avait un couple de colins, qui, en 1862, lui fournit environ soixante œufs qu'il distribua fort généreusement à droite et à gauche, et dont il n'entendit plus parler. Il lui en était resté une douzaine qu'il ne songeait pas à utiliser, et qu'il mit sous une poule qu'on lui avait donnée et qui s'acharnait à couver. Il m'a affirmé n'avoir eu d'autre idée que de soulager la pauvre bête, et n'avoir pas songé un seul instant à une réussite ; aussi, au bout de vingt-deux jours d'incubation, a-t-il été fort agréablement surpris de trouver neuf petits colins vivants ; il en perdit trois par accident, et les six autres s'élevèrent parfaitement bien.

L'enlèvement des œufs n'a pas permis de savoir si la femelle aurait manifesté le désir de couver (1).

J'ai dit plus haut que sa ponte s'était élevée à soixante œufs sains ; mais par une habitude qui leur est commune avec les faisans, les femelles pondent quelquefois leurs œufs étant perchées ; il en résulte que quelques-uns se brisent en tombant sur le fond de la cage.

Et puis, il y a encore une autre cause de perte, c'est que le mâle mange fort bien les œufs, qu'il est prudent dès lors de soustraire à son avidité.

La ponte des colins a commencé en 1862 vers le 15 mai, et a duré jusqu'à la fin de juillet.

(1) On nous affirme que la femelle couve avec un tel acharnement, qu'il n'est pas rare qu'elle meure après l'éclosion de sa couvée.

Cette opération a été, bien entendu, précédée de celle des amours, qui a été signalée par des caresses, du reste assez habituelles aux monogames ; mais il n'a pas été possible de surprendre le mâle côchant la femelle ; on pensait même que le rapprochement complet n'avait pas eu lieu.

On a essayé de donner deux femelles à un mâle ; impossible, une des deux a dû disparaître. Il y aurait eu bataille acharnée jusqu'à ce que la mort s'ensuivît.

Les colins ont des rapprochements assez prononcés avec le genre colombin ou colombien, par le perchement, les caresses, et aussi par la voix, qui imite assez celle de la tourterelle sauvage.

Le mâle n'a pas paru s'occuper de la femelle pendant la ponte qui avait lieu souvent tous les jours, puis deux à trois jours de suite, le tout entremêlé d'un à trois jours de repos.

Leur nourriture, étant petits, a consisté en laitue hachée avec de la mie de pain, en millet et menues graines ; seulement, deux fois par jour, on leur donne des œufs de fourmis des prés. J'insiste sur la désignation des fourmis, parce qu'on a pu, par expérience, se convaincre que ces jeunes oiseaux n'aiment pas les œufs des grosses fourmis des bois.

Une fois grands et presque adultes, ils vivent très-bien de blé, comme la perdrix qui leur tient compagnie.

On leur donne, comme régal et pour varier un peu leur nourriture, du chènevis, de la salade, de la verdure, de la mie de pain, des débris de cuisine sans viande, etc. Je les ai vus s'attaquer avec plaisir et vigueur à un chou bien pommé ordinaire.

Il résulte pour moi de ce qui précède que l'élève des colins est à la portée de tout le monde, puisqu'il n'offre pas de difficultés sérieuses; nous pouvons même affirmer que la transition de petit à adulte n'offre aucune mauvaise chance de santé.

On sait qu'il n'en est pas de même pour les faisans, perdreaux, etc.

Ces oiseaux ayant l'esprit de famille comme les perdrix se cantonnent ainsi qu'elles.

On peut dès lors en conclure qu'élevés dans une maison attenant à un parc, ils ne tarderaient guère à y aller percher, puis y nicheraient et le peupleraient d'abord, et enfin finiraient par se propager rapidement dans les forêts environnantes.

C'est une expérience bien facile à faire.

En attendant, notre estimable curé donnera très-volontiers des œufs aux amateurs qui lui en demanderont par mon intermédiaire.

J'allais oublier de parler de la ponte ; on met une petite boîte à moitié pleine de sable fin dans un coin de la cage, et on en retire les œufs dès qu'il y en a huit ou dix.

J'ajouterai enfin, que si vous voulez faire le bonheur de ces oiseaux-là, vous n'avez qu'à leur livrer une grande gamelle remplie de terre : ce sont alors de joyeux ébats, des cris d'allégresse et des jeux à n'en plus finir ; vous les voyez gratter et se rouler au milieu d'un nuage de poussière, qui les dérobe presque entièrement aux yeux de l'observateur.

PIÉGE FRANC-COMTOIS POUR RENARD

En Franche-Comté on emploie beaucoup, dans
les roches seulement, le piége rustique que je
vais décrire, pour détruire les renards. Inférieur
sous certains rapports aux fers ou piéges allemands, il offre sur eux de grands avantages :

1° Ainsi on peut le multiplier, attendu que sa
confection est fort peu coûteuse ;

2° Il ne nécessite aucun appât, ce qui, dans les
piéges à ressort, demande beaucoup de soin et
n'est pas d'ailleurs sans danger pour les chiens,
sans compter les précautions minutieuses néces-
saires pour ne laisser aucune trace du contact
humain que le flair du renard découvre si aisément ;

3° Les quelques planches et bouts de bois employés à sa confection sont peu faits pour tenter les voleurs.

Le seul inconvénient de ce piége, c'est qu'il ne peut être tendu que dans les roches, car, partout ailleurs, le renard, renâclant à la guillotine strangulatoire, serait peu embarrassé pour se creuser une nouvelle sortie ; mais dans les roches, où il utilise pour son terrier les cavernes naturelles, le rusé compère n'a pas cette ressource ; il faut sortir ou crever de faim !

Le chasseur, M. Merceret, de Chevigny (Jura), dont je tiens le modèle en petit de ce genre de piége, m'a assuré avoir pris des renards qui n'avaient tenté l'évasion qu'au bout de huit longs jours de captivité ; les infortunés étaient bien maigres, et leurs ongles, usés jusqu'à la naissance, indiquaient quels efforts ils avaient faits pour se créer une autre issue avant de se résoudre à affronter la terrible guillotine.

Bien que la charge pierreuse de la guillotine soit très-forte, il peut arriver que le renard ne soit pas étranglé, mais reste seulement pris par le col ; en prévision de ce cas assez rare, il importe que le trappeur diligent visite souvent ses engins, et ne laisse pas au captif le temps de ronger la fatale coulisse.

Passons maintenant à la description de l'appareil :

Nous supposons une roche verticale, dans laquelle se trouve à fleur du sol l'entrée du terrier, à laquelle nous faisons suite à l'extérieur à l'aide d'un couloir en planches bien clouées, le tout solidement fixé et d'une longueur telle que le nez du renard puisse parfaitement atteindre et déranger le bout de bois fourchu par en bas, qui, à l'aide d'une encoche, relie la planche fixe du haut du couloir avec la petite planchette qui empêche la chute de la coulisse de la guillotine, laquelle se meut dans le petit espace laissé libre exprès entre la roche et le conduit.

Les dimensions du couloir sont telles que le renard ne puisse y engager que sa tête et son col, à l'exclusion des épaules.

On voit d'ici que, lorsque le renard pousse avec son museau le bout de bois fourchu, celui-ci ne maintient plus l'encoche, et qu'alors la coulisse-guillotine, devenant libre d'obéir à la pression du branchage fortement chargé de pierres qui s'appuie sur elle, tombe sur le col du renard et l'étrangle net.

VOL D'UN SANGLIER DANS LA COTE-D'OR

———

Quelques années après 1830, pendant je ne me souviens plus quel mois d'hiver, j'assistais comme acteur à une chasse au sanglier pleine de péripéties qui auraient bien pu devenir sanglantes.

Cette chasse, à laquelle prenait part un assez bon nombre de veneurs d'Auxonne et de Moissey, avait lieu dans le bois communal de X..., village dont les âpres mœurs se sont bien amendées depuis cette époque, et dont par pure bienveillance je tairai le nom ici, me contentant de dire qu'il compte dans le département de la Côte-d'Or.

Sociétaire de la chasse dans cette forêt, un intrépide veneur auxonnais, défunt M. Lefranc, venait, au lancer, d'abattre un sanglier pesant une quarantaine de kilogrammes, et, comme il y en avait plusieurs autres que les chiens menaient à pleine gorge, on décidait que les trois plus jeunes disciples de saint Hubert le porteraient chez l'aubergiste Virot, à Flammerans, avec recommandation expresse de faire cuire pour le soir le crochet de l'animal, pendant que les autres chasseurs suivraient la meute.

Si mes souvenirs sont exacts, le transport du sanglier était ainsi confié à mes jeunes amis P... et D... et à moi. Après avoir exécuté ce diable de travail pendant près d'une heure, et fourni dès lors ma part de la corvée, désireux de rejoindre la chasse, j'abandonnai mes compagnons, qui n'avaient plus qu'une petite traite à faire, et auxquels le chemin de l'auberge était d'ailleurs parfaitement connu.

Je n'eus pas de peine à rallier ; on n'avait rien tiré, et jusqu'au soir, malgré la belle conduite des chiens, le guignon nous poursuivit ; ce que voyant, tous les chasseurs mirent le cap sur l'auberge, se réjouissant à l'avance du bon coup de fourchette qu'ils allaient y donner. Arrivés sur le chemin d'Auxonne à Pesmes, route départementale, à la nuit tombante, voyant que plusieurs chiens qu'on n'avait pas couplés ne se hâtaient guère de revenir, nous voilà à sonner, à crier de toutes nos forces et à tirer une douzaine de coups de fusil en l'air, ne nous doutant pas le moins du monde qu'effrayé au-delà de toute expression, et se croyant tombé au beau milieu d'une troupe de bandits, un voyageur fuyait devant nous aussi vite que le lui permettaient ses jambes avinées, et qu'enfin parvenu, non sans de nombreuses culbutes, chez Virot, il racontait, encore tout effaré et en tremblant, qu'il venait de l'échapper belle. Je vous laisse à juger des éclats de rire joyeux et narquois avec lesquels, en arrivant peu après à l'auberge, nous accueillîmes cette bonne histoire d'ivrogne.

Mais ce qui mit fin bien vite à notre gaieté bruyante, ce fut d'apprendre du père Virot lui-même qu'il n'avait vu ni sanglier, ni chasseurs.

Qu'étaient-ils donc devenus? On va aux informations, et on finit par apprendre d'un passant qu'il avait vu entrer à X... deux jeunes chasseurs désarmés et un sanglier, en compagnie du maire de ce village, du garde forestier, et d'une vingtaine d'habitants munis chacun d'une hache.

Partis en toute hâte, nous trouvons effectivement notre sanglier dans l'auberge du village en question; les notables du lieu, autorités en tête, s'y apprêtaient à en manger le crochet, et accueillirent d'abord fort mal nos énergiques réclamations; on put même craindre un moment que la poudre ne vînt à parler. Cependant, après maints débats fort orageux, il fut enfin décidé qu'on s'attablerait tous ensemble, et que le restant du sanglier, le lendemain, par les soins du maire, quelque peu inquiet des suites de son acte d'autorité, serait conduit à Auxonne chez M. Lefranc.

Voici comment les choses s'étaient passées entre le maire de X..... et mes amis P..... et D......

Quelques minutes après mon départ, ces jeunes chasseurs, portant le sanglier suspendu à une perche, arrivaient dans la coupe de l'année du bois communal de X..., où ils trouvaient le maire, le garde forestier et plusieurs habitants en train de régler une question d'affouage. Là on leur demande qui avait tué cette bête; par gloriole, ils disent que ce sont eux, et que c'était mon père qui les avait conduits à la chasse. Survient alors le garde forestier, qui déclare que M. Garnier n'est ni adjudicataire, ni sociétaire, et n'a pas dès lors le droit de chasser dans ledit bois, et encore moins celui d'y conduire ses amis. Il parle de procès-verbal, et le maire apparaît avec ses administrés. Bref, de fil en aiguille, on s'échauffe de part et d'autre, et finalement P... et D..., le fusil en bandoulière, sont assaillis à l'improviste, et désarmés avant d'avoir pu se mettre en défense.

On les conduit au village où ils sont enfermés dans une grange pendant que le maire et son escouade font porter le sanglier à l'auberge.

Ils faisaient, cela va sans dire, d'assez piteuses réflexions dans leur cachot improvisé, assis mélancoliquement sur la paille, ces deux pauvres amis! lorsque nous vînmes enfin les délivrer; mais leurs fronts humiliés et soucieux se rasséré-nèrent complétement à la vue des plats fumants qui couvraient notre grande table; les malheu-reux, comme nous tous du reste, mouraient litté-ralement de faim.

Il va sans dire que cette partie de chasse, si mal commencée, et qui aurait bien pu finir d'une façon tragique, se termina joyeusement à la satis-faction générale, grâce aux nombreuses rasades d'un excellent vin qui, par bonheur, n'avait pas été récolté dans les vignes de la commune de X..., et que le lendemain matin le sanglier faisait son entrée triomphale à Auxonne sur la voiture du maire, qui s'exécutait ainsi avec une parfaite loyauté.

————

MON PREMIER CHEVREUIL (1829)

Modeste chasseur à la billebaude, mon père,
qui malgré ses quatre-vingt-deux ans sonnés, s'en
donne encore un peu à pied, possédait, avant 1830,
trois chiens courants provenant d'un intrépide veneur, Dubuisson aîné, juge de paix du canton de
Vauvillers, dans la Haute-Saône, lequel, par des
mariages bien assortis, était parvenu à se créer
une charmante et parfaite race de briquets fond
blanc et d'assez petite taille, qui chassaient tout
admirablement, à commencer par le lièvre.

Disons ici à la volée que notre parent défunt
Dubuisson mériterait bien de figurer dans l'admirable *Vénerie contemporaine*, que le marquis de
Foudras est en train de publier, à la grande liesse
de tous les vrais disciples de saint Hubert.

En octobre ou novembre 1829, si mes souvenirs me servent bien, nous découplions, à droite du chemin de Raynans, dans la forêt auxonnaise de la Crochère, qui, sur plusieurs points, fait limite entre la Côte-d'Or et le Jura, et est d'une contenance d'environ quatorze cents hectares d'un seul tenant. Le lancer ne tarde guère; mais bientôt, grâce à mon inexpérience de dix-huit ans, je perds complétement la chasse.

Depuis près d'une bonne heure, campé bêtement sur le chemin assez fréquenté dont il a été question plus haut, je tendais avec anxiété et sans succès mes oreilles au moindre bruit, lorsque tout à coup « certain besoin pressant m'appela en certain lieu, » pour me servir de l'expression du poëte.

Par pudeur, je m'enfonce assez dans le bois pour n'être pas vu de la route à laquelle je tourne le dos en m'accroupissant. A peine en posture, je vois venir tout doucement à moi un animal qui flaire le sol et qui a des fûts sur la tête, et je reconnais de suite que c'est un beau brocard.

Sans changer de posture, et nonobstant un vif battement de cœur, je saisis et épaule le moins brusquement possible mon arme déposée à côté de moi, et je serre le doigt; mais le chevreuil, qui m'a vu, s'est retourné si vite, que c'est dans le derrière et non dans la tête qu'il reçoit mes deux coups de fusil, qui n'en font autant dire qu'un, grâce à ma vive émotion et à mon inexpérience, et un peu aussi parce qu'il me faut hâtivement rapporter la main gauche à terre, pour ne pas laisser choir mon centre de gravité sur..... mon soulagement.

Je rajuste lestement mes inexpressibles pour courir bien vite voir le résultat de mon tir, et c'est avec une joie délirante que je constate que l'animal a été touché; je ramasse le poil dont le sol est jonché, et j'en bourre fébrilement mes poches avant de retourner sur le chemin que je venais de quitter.

Au bout de quelques minutes, qui me semblent longues comme des siècles, je vois enfin paraître mon père en compagnie de notre jeune parent Duborgia, aujourd'hui médecin à Bougival, auxquels je me hâte de raconter mon histoire et d'exhiber mes preuves; puis on va reconnaître la place où j'ai tiré l'animal, qui se trouve être la bête de meute.

Les chiens en défaut sont bien vite ralliés et empaument la voie saignante avec une ardeur extraordinaire; mais, après quelques randonnées très-vives qui durent au plus une demi-heure, la musique se tait.

Comme le bois était très-fourré en cet endroit, malgré nos efforts nous n'avancions pas trop vite du côté à peu près où les chiens avaient mis bas, lorsque tout à coup mon père voit une nombreuse bande de corbeaux qui croassaient à qui mieux mieux en plongeant de temps à autre sur un point du taillis qui était le centre des cercles peu étendus qu'ils décrivaient avec acharnement.

Guidé par la manœuvre de ces oiseaux, il arrive assez vite sur le champ de bataille, où il trouve le pauvre brocard bêlant d'une façon lamentable, parce que, pendant que les jeunes chiens le tenaient par les flancs, le vieux Calino avalait gloutonnement les morceaux qu'il arrachait à sa cuisse droite, brisée par mes coups de feu, une bonne livre de viande en tout au moins.

Il va sans dire que nous mîmes grande hâte à terminer les atroces souffrances du pauvre animal, et que de toute la soirée le roi ne fut pas mon cousin, tant j'étais glorieux de mon succès... de hasard !

On tue facilement le chevreuil, soit dit en passant, en lui tordant la tête quand on ne veut pas se servir du couteau de chasse.

Gardez-vous bien de l'assommer avec la crosse du fusil, de crainte de faire un jambon.

Enfin, je vous recommande de vous méfier des pieds de derrière, qui peuvent occasionner d'assez graves blessures.

L'OS DU BLAIREAU

———

Dans l'après-midi du 12 mai 1866, en joyeuse compagnie, à l'aide d'un jeune mais excellent petit terrier, qui n'a certes pas volé son nom significatif de *Tempête*, et qui en cette circonstance fit intrépidement ferme à l'animal pendant près de quatre heures consécutives, après avoir exécuté plusieurs tranchées pas mal profondes, nous prenions avec une forte pince en fer un blaireau mâle d'une douzaine de kilogrammes.

Comme nous n'avions pas de sac pour y laisser tomber notre capture vivante, en la soulevant à bras tendu par la queue, elle fut, pendant que la pince la tenait solidement par la mâchoire supérieure, assommée non sans peine, car on ne saurait croire, lorsqu'on ne l'a pas vu, combien est grande la vitalité du blaireau, que par prudence nous finîmes par saigner comme un porc.

Aussitôt après sa mort, le commandant d'artillerie Pongérard, propriétaire heureux et enthousiaste de la vaillante Tempête, me dit que je trouverais dans l'intérieur de l'organe génital de notre victime un vrai os plein. Effectivement, j'obtins un os affectant la forme d'un phallus, d'une longueur totale de $0^m,073$, ayant $0^m,006$ de diamètre moyen au gros bout, et $0^m,004$ pour le reste, sauf pour l'épanouissement à la base qui mesurait $0^m,008$.

Il m'a fallu près d'une heure, n'ayant pas eu recours au procédé de l'eau bouillante, pour débarrasser le susdit os de l'enveloppe nerveuse et charnue qui y adhérait très-solidement. J'ai constaté, en faisant cette opération anatomique, que c'est contre et le long de cet os qu'on trouve le conduit séminal.

Je livre ce fait peu connu peut-être aux naturalistes et aux chasseurs, en ajoutant que l'analogie, si chère avec raison à Toussenel, me porte à croire fermement que la taupe, fouisseuse à un degré plus élevé encore que le blaireau, doit être munie, toutes proportions gardées, d'un os tout aussi résistant, mais peut-être affectant une autre forme, ce qui n'est guère difficile à vérifier et serait déjà fait sans ma mauvaise vue. J'estime que l'os de la taupe, d'après la structure de la femelle, doit avoir la forme d'une lancette ; l'expérience seule dira si ma prévision est juste.

LE PÈRE RUDE, DOYEN DES CHASSEURS D'AUXONNE

———

Le vieux chasseur auxonnais, médaillé de Sainte-Hélène, dont je vais dire quelques mots, a un nom de circonstance ; il s'appelle Rude, et rude il est si nous le jugeons d'après ses œuvres. Quel dommage qu'il n'ait pas connu *Les deux Passionnés* du marquis de Foudras ! comme il eût bien fait sa partie avec eux dans cette mémorable chasse au chevreuil.

Enrôlé volontaire, Rude fait d'abord les campagnes des Grisons et du Tyrol, de 1800 à 1801 ; puis il passe au camp de Boulogne, qu'il ne quitte que pour aller se faire fracasser le bras gauche à Austerlitz, blessure dont il se ressent encore, et qui le fit réformer et pensionner en 1807. Employé dans les contributions indirectes, en 1814 comme en 1815, il quitte tout pour rallier les corps francs qui défendirent avec tant de vigueur notre frontière de l'Est. Après bien des persécutions et force misères, il rentre enfin dans son ancienne administration, qu'il ne quitte plus qu'en 1832 pour prendre sa retraite comme contrôleur-receveur.

Une fois rentré dans ses foyers, Louis-Antoine Rude ne s'occupe plus que de chasse ; voilà bientôt plus de sept lustres que cet enragé Bas-de-Cuir bourguignon passe sa vie toujours en plaine, au bois ou sur la Saône, sans un seul jour courable de repos, et surtout sans s'apercevoir de la venue de ses quatre-vingt-cinq ans, qu'il porte d'une façon si gaillarde, que ceux qui ignorent son âge ne lui donnent pas plus de soixante ans ; — comme il se tient droit comme un jonc, on le prendrait par derrière pour un jeune homme.

Pour vous faire commencer la connaissance avec mon héros, je vous dirai qu'il est l'inventeur d'un rifflard de famille, qu'il maintient à l'aide de deux brassières portant une douille, et d'une ceinture en portant une autre — le manche du parapluie entre dans ces deux douilles — et qui lui sert à chasser en plaine par la pluie battante, quand toutefois le vent ne s'y oppose pas par sa force. Il prétend, et c'est vrai, qu'alors le gibier ne part que sous les pieds du chasseur, et qu'il fait de belles récoltes dans nos champs dénudés, où, par un beau jour, les perdreaux surtout sont réellement inabordables. Hélas! c'est bien pour lui; mais son pauvre chien d'arrêt réclame encore *in petto* un abri portatif que le génie de son maître est toujours à inventer, bien qu'il y songe depuis longtemps.

Laissant de côté les inventions plus ou moins ingénieuses de Rude, au point de vue de la chasse, sa seule préoccupation, je me hâte de passer à des faits qui vous donneront une idée complète et saisissante de l'indomptable passion qui le possède.

Le 26 décembre 1861, vers deux heures du matin, Rude entend ses chiens se battre; il saute en bas du lit, s'arme d'un fouet et se dirige en chemise, malgré la neige qui recouvre le sol et un vent glacial par 12° centigrades, sur le chenil qui se trouve au fond du jardin, à quarante mètres environ de sa chambre.

Il glisse, tombe, et ne peut se relever; sa gouvernante accourt et l'aide à se traîner jusqu'à son lit.

Grâce à un bon traitement et surtout à sa constitution de fer, notre chasseur est promptement rétabli ; cependant, trente-huit jours après sa chute, le 2 février, il se plaint de souffrir du côté gauche, ce qui le gêne pour courir et le prive d'une partie de ses forces.

C'est alors que le garde forestier Piot vient le prévenir que les sangliers ont reparu dans la Crochère, forêt de la ville d'Auxonne ; à cet avis, le digne homme s'émeut, et, comme il me l'écrit naïvement : « Quoique bien faible, je n'ai pu me « passer d'aller les attaquer. »

C'est plus fort que lui : le voilà parti avec son basset Castillau, sa Fanfare et le beau chien de Girard !

« Mon petit scélérat de basset, m'écrit-il à la « date du 12 mars, a pris de suite la trace, et un « gros solitaire a été lancé.

« Il faisait un brouillard qui m'a à peine permis « d'entrevoir l'animal passant à environ quarante « pas de moi ; je lui ai adressé une balle qui l'a « touché, au dire de Piot ; ce qu'il y a de certain, « c'est qu'à partir de ce moment il s'est fait battre « pendant plus de deux heures dans la même « enceinte ; il tenait de temps en temps au ferme « et a fini par rebuter les chiens, qui l'ont aban- « donné ; du reste le brouillard, en devenant de

« plus en plus épais, nous a forcés de renoncer
« à sa poursuite.

« Le lendemain, avec une dizaine de chiens
« plus mordants et plus vigoureux, nous relan-
« cions l'animal dans le buisson où nous l'avions
« abandonné la veille.

« Après s'y être fait battre une demi-heure,
« l'animal vide l'enceinte et reçoit deux balles,
« l'une dans le corps par M. Talon, l'autre dans
« la trace gauche par M. Ch. Garnier.

« A peine sous bois, le sanglier furieux a chargé
« les chiens et en a tué un; force nous a été d'en-
« trer au fort pour aider la meute, et je n'ai pas
« manqué d'y être.

« Je n'avais pas parcouru cent mètres, lorsque
« j'entends venir sur moi la bête, dont je distingue
« déjà toute la hure. Je lui envoie une balle à
« pointe d'acier qui lui brise la mâchoire infé-
« rieure. L'animal se cabre en beuglant comme
« un taureau, et va tomber ensuite dans un fossé.
« Je crie hallali! et les chiens arrivent aussitôt
« que moi sur le sanglier qui se relève. Impos-
« sible de tirer; les chiens le couvrent, et il les
« traîne avec lui à cinquante ou soixante mètres
« de là, où enfin il s'arrête pour les charger après
« les avoir éparpillés; heureusement alors pour

« les chiens qu'il ne peut plus que les culbuter,
« la fracture de sa mâchoire inférieure ne lui
« permettant pas de se servir de ses énormes
« défenses.

« Je me hâte de remettre une cartouche et de
« courir au ferme. Tout à coup, à vingt pas dans
« le fourré, j'aperçois mon sanglier, dont je ne
« distingue que la tête, et je lui envoie une balle.
« Prompt comme l'éclair, il me charge ; je n'ai
« que le temps de faire un petit écart, trop petit,
« hélas ! car il m'attrape le genou gauche et m'en-
« voie à la renverse dans un buisson ; je ne puis,
« malgré mes efforts, me relever, et je croyais
« bien avoir la jambe cassée.

« Mais voici bien une autre affaire ! le sanglier
« revient sur moi. Me croyant perdu, je crie au
« secours ; heureusement il me méprise (*sic*) ; car
« il passe sur moi sans me toucher et retourne à
« l'endroit où je venais de le tirer.

« Accourant à mon aide, le garde Piot s'ap-
« proche, tout en me tenant en joue, persuadé
« qu'il est que je suis couché sous le sanglier. Je
« le lui fais voir à vingt pas de moi ; son fusil rate ;
« je lui passe alors le mien, et, en deux coups, il
« en finit avec ce farouche solitaire.

« On songe alors à me sortir du bois avec la

« bête, et on nous ramène tous les deux en ville
« sur la même voiture.

« J'avais le genou et la jambe remplis d'un sang
« qui fort heureusement n'était pas le mien ; mais
« j'ai dû garder le lit pendant quinze jours. Main-
« tenant, bien que l'articulation de mon genou
« soit ankylosée, je ne me sers plus de béquilles
« pour marcher.

« J'espère que les eaux et douches de l'Isère,
« qui m'ont tant fait de bien en 1860, me réta-
« bliront en 1861. En tout cas, je ne renonce pas
« à la chasse où j'irai, quand même je devrais m'y
« traîner à quatre pattes, et où, si Dieu me prête
« vie, nous nous retrouverons en 1862.

« En attendant, pour reprendre des forces, je
« me gargarise avec du bon vin de Bourgogne, et
« je t'engage fort à faire de même, en répétant
« joyeusement avec moi :

> « Nous n'avons qu'un temps à vivre,
> Amis, passons-le gaiement. »

Si, comme on l'a dit avant moi, le style c'est
l'homme ! vous êtes à même, mes chers lecteurs,
de bien juger mon héros, car, je vous le dis en
toute sincérité, je me serais fait grand scrupule

de retoucher sa lettre, et je vous l'ai servie exactement telle qu'elle m'est parvenue.

Ce n'est pas en 1862, mais bien en 1861, au mois de septembre, que Rude, grâce aux eaux d'Uriage, à ses fustigations avec de vraies orties, à sa nature énergique et à sa constitution de fer, a pu de nouveau se livrer avec une ardeur continue à la chasse, son unique plaisir, et tenir bon jusqu'à ce jour, malgré ses quatre-vingt-cinq ans, qui ne le gênent guère.

Cet enragé veneur n'a qu'une seule crainte, c'est de moisir longtemps dans son lit avant de trépasser ; tandis que son désir le plus vif serait exaucé, s'il pouvait mourir au bois à califourchon sur un sanglier.

LE CHASSEUR MALHEURÉUX

Le chasseur est un être multiple. Pour l'écrivain humoristique il y a là une mine inépuisable ; je vais aujourd'hui tâcher de vous dire quelques mots du chasseur malheureux ; c'est un type qui vaut bien son portrait.

Je copie d'abord son signalement sur le permis de chasse dont il est très-scrupuleusement pourvu.

Le chasseur malheureux est en général large d'épaules, bien qu'il affecte une toux désolante ; ses allures ne sont pas vives, et toute l'habileté de sa manœuvre ne consiste qu'à se poster en vue du coup de fusil dont il raffole. Son extrême répugnance pour tout exercice violent fait qu'on le trouve toujours, lors d'un grand débucher, à l'arrière-garde, et le conduit d'une manière fatale à une obésité précoce; car, s'il ne se livre jamais à un fort usage de ses jambes, en revanche il fait un prodigieux abus de ses mâchoires.

Dans la pièce qu'il tire, il ne voit que le rôti ou le civet. La gloire! à quoi bon? il n'aime que les lauriers... sauce, et ne considère la chasse qu'au point de vue alimentaire.

La figure du chasseur malheureux est celle de tout le monde, sauf qu'elle se ride de bonne heure, parce que son propriétaire ne cesse d'être grognon et de geindre qu'autant qu'il a fait un beau coup de fusil ou qu'il fonctionne consciencieusement devant une table bien servie; et encore gémit-il de ne pouvoir dîner ainsi que deux fois par jour!

Écoutez ses plaintes : s'il manque, cela n'arrive qu'à lui; si le chien parfait qu'il a amené le matin se trouve mal au moment d'entrer en chasse le jour même de l'ouverture, c'est un des coups que lui réserve le guignon. C'est lui qui, le genou en terre, le corps ployé, l'arme à l'épaule et l'œil anxieux, attend le chevreuil que roule le plomb maudit d'un voisin, juste au moment où il le croyait bien à lui. C'est lui enfin qui, arrivé pédestrement au bois, trouve passée dans ses guêtres la grenaille confiée maladroitement à une poche peu fidèle ; et alors, comme il est seul et que son abdomen trop nettement dessiné arrête le mouvement de ses bras et ne lui permet guère les grandes flexions dorsales, il se voit forcé de rentrer clopin clopant au logis, et ce, non sans grommeler ferme entre ses dents : « Ces choses-là n'arrivent qu'à moi ! »

Il tire un jour sur une volée de perdrix et ramasse... un moineau (1) ; une autre fois, il fait feu à quinze pas au plus sur un sanglier arrêté, qui n'est pas la bête de meute, ne va pas sottement vérifier son coup, et retrouve, un mois et demi après, en chassant la bécasse, le squelette de sa victime, qu'il regrette d'autant plus amèrement qu'il ne dédaigne pas cette viande, et que c'est la première bête noire qu'il ait mise bas de sa vie.

Je ne parlerai pas ici des animaux empaillés sur lesquels on l'a fait facétieusement tirer, des oreilles d'âne plus ou moins maléficiées par son plomb sous prétexte de grives ou de merles cachés dans les haies, ni même d'un renard mort depuis une huitaine, qu'il emporte triomphale-

____

(1) Historique.

ment sur ses épaules, convaincu que c'est bien celui qu'il a manqué de ses deux coups une heure auparavant, etc., car je n'en finirais pas d'ici à demain s'il me fallait vous raconter toutes les mésaventures que je sais sur le chasseur malheureux, mésaventures qu'il ne doit qu'à sa fainéantise, son insouciance, sa jalouse irritabilité ou à sa maladresse, ce qui ne l'empêche pas de crier chaque fois, d'un air convaincu : « Décidément, je n'ai pas de chance ! ces choses-là n'arrivent qu'à moi ! »

Notez bien en effet qu'à force de répéter ces jérémiades, il a fini par y croire fermement.

Évitez, jeunes débutants, le voisinage du chasseur malheureux, car tout lui est bon : cailles, perdreaux, lièvres, bécasses ou grives, tourterelles ou ramiers, surtout ceux que vous aurez tués.

Sans s'enquérir le moins du monde, il empile tout ce qu'il trouve et tout ce que son chien lui rapporte dans son vaste carnier élastique comme sa conscience de chasseur. Je crois même, Dieu me pardonne ! qu'il trouve meilleur que le sien propre le gibier acquis à vos dépens, et que, s'il le digère laborieusement comme d'habitude, c'est du moins dans une paix profonde.

Terminons cette rapide esquisse en disant, pour

rendre hommage à la vérité, que c'est surtout en
Algérie qu'il m'a été donné d'étudier curieuse-
ment de près les divers types du chasseur malheureux que je viens de résumer brièvement ici.

TOUT N'EST PAS ROSE DANS LES VOLÉES
AUX FOULQUES

—

Vers la fin de 1843, comme on était en train, à Bastia, d'organiser une grande volée aux foulques sur l'étang de Biguglia, situé à trois kilomètres environ de cette ville, mon ami Jugan, qui commandait alors la goëlette de guerre *l'Étoile* stationnaire en Corse, mit gracieusement à ma disposition, pour cette partie de plaisir, son youyou monté par deux marins de confiance et de son bord. Disons ici en passant que cet excellent officier, aimé et estimé de tous, périt, pendant la guerre de Crimée, près de Bonifacio, avec la frégate *la Sémillante* qu'il commandait, et que sa mort fut bien vivement regrettée par tous ceux qui, comme moi, avaient pu apprécier son noble cœur.

Aux jour et heure fixés pour la volée, j'entrais par mer dans l'étang couvert déjà d'une véritable flottille, et je prenais joyeusement part à la chasse dirigée avec talent par M. Martin, commissaire de marine, un vieil habitué de Biguglia, promu à l'unanimité amiral pour ce jour de fête.

Mes deux robustes matelots faisaient voler sur l'eau, sans efforts apparents, notre embarcation, fort légère d'ailleurs, et j'avais déjà fait pour mon compte une ample moisson : trois canards, deux sarcelles et dix foulques, lorsque mes marins m'avertirent qu'ils pressentaient un coup de libeccio, vent qui, en Corse, sur la côte orientale, vous tombe comme un coup de foudre, et souffle peu longtemps à la vérité, mais avec une violence extrême. M'en rapportant d'une manière absolue à leur expérience, chose d'ailleurs que Jugan m'avait bien recommandée, je consens à gagner le bord du lac opposé à la mer. Nous n'en étions pas à mi-chemin que déjà toutes les barques de la volée faisaient à qui mieux mieux comme nous, et que la bourrasque éclatait avec furie.

Au moment d'attérir, nous entendons crier au secours à environ trois cents mètres ; c'était une assez grande embarcation conduite par trois marins de Bastia, qui venait de couler fort heureusement sur un point peu profond, circonstance qui permettait aux sept hommes qui la montaient, d'avoir, en se tenant bien debout, la tête hors de l'eau. Parmi ces naufragés se trouvaient un mien collègue d'artillerie, le capitaine Bonhomme, et un ami commun, tous deux ne sachant pas nager.

Malgré la tempête, nous volons sans hésiter à leur secours ; mais, en arrivant près des naufragés, qui voulaient tous monter à la fois dans le youyou, de force seulement à recevoir au plus, par un temps pareil, deux à trois hommes, je dus quitter le gouvernail pour mon fusil, afin de tenir les impatients en respect. J'emmenai seulement mon collègue et notre ami commun, promettant aux autres que mes matelots allaient de suite revenir au sauvetage. Une fois à terre, nous nous empressâmes d'allumer un grand feu, auquel vinrent successivement se sécher tous les naufragés, grâce à l'adresse et au dévouement de mes braves matelots, qui, non contents de ce qu'ils avaient fait, voulurent encore, bien contre mon gré, aller quérir l'embarcation, ce qu'ils exécutèrent heureusement ; une fois à terre, elle fut bien vite étanchée et remise à flot.

Vers sept heures du soir, tout le monde étant bien sec et l'orage terminé, nous rentrions à Bastia, quelques minutes avant la nuit, chantant tous comme des pinsons, excepté le pauvre capitaine Bonhomme, qui, peu riche et pourvu d'une nombreuse famille, songeait tristement au beau fusil de deux cents francs qu'il avait emprunté à un armurier, et qu'il lui faudrait payer, puisqu'il l'avait perdu avec son carnier lors du naufrage. Effectivement, il dut s'exécuter; car, malgré de nombreuses et actives recherches opérées le lendemain et jours suivants, l'arme fut introuvable.

En accostant l'*Étoile*, je rendis compte à Jugan de la belle conduite de ses marins, auxquels j'avais eu beaucoup de peine à faire accepter une bien faible récompense. Il va sans dire qu'ils furent chaleureusement félicités et mis à l'ordre, sans compter l'octroi d'une triple ration de tafia.

J'ai dit en commençant que tout n'était pas rose dans les volées, car, sans compter la perspective du plongeon, on y court encore la chance de recevoir pas mal de grains de plomb (n°s 4, 5 et 6) que vous adressent par ricochets ou de plein fouet vos voisins de barque ou les amateurs cachés dans les roseaux.

Il y a bien aussi l'ennui des discussions à pro-

pos d'une foulque réclamée souvent par plusieurs
canots; mais grâce au tempérament des méridionaux, j'estime qu'on ne doit pas y attacher une
grande importance, attendu que, si elles font
force tapage, en revanche les voies de fait toujours si dangereuses entre gens armés ne s'y
produisent jamais.

LE RENARD CHARBONNIER

Tous les auteurs français anciens et modernes (1) s'accordent à dire qu'il ne faut pas songer à chasser agréablement le renard, soit au forcer, soit à tir, si on n'a au préalable pris la précaution de boucher les gueules de tous les terriers, ou tout au moins de les orner de papiers blancs ou de morceaux de bois écorcé, etc.; le tout dans le but d'empêcher cet animal de se

(1) Seul, parmi les écrivains cynégétiques modernes, Joseph La Vallée (*Chasse à courre en France*) ne se traine pas dans l'ornière, et ne répète pas servilement les dires des anciens. Il traite du renard en vrai chasseur et en érudit naturaliste. Seulement je cesse d'être d'accord avec lui quand il affirme que le renard dit *charbonnier* n'est qu'un vieil animal; car, moi, je soutiens mordicus que c'est là une véritable variété de l'espèce.

couler sous terre et de se dérober ainsi à la poursuite des chiens. Grâce à cette opération préliminaire, la bête de meute est contrainte de faire plusieurs randonnées, qui permettent de lui donner à propos des relais, ou de la raccourcir d'un coup de fusil.

Aucun de ces écrivains cynégétiques, Joseph La Vallée excepté, ne savait donc qu'on rencontre assez fréquemment une variété de renards qui ne se terrent qu'à la dernière extrémité, et qui souvent même se laissent forcer à proximité (j'allais dire à la porte) d'un terrier. Et cependant ces renards existent, et nous en chassons bien plus souvent qu'il ne nous conviendrait dans la belle forêt des Crochères, de la contenance de quatorze cents hectares, qui est la propriété de la ville d'Auxonne.

Ici je dois dire que nous quêtons presque toujours à la billebaude avec quatre ou cinq chiens, et fort rarement avec plus de huit à dix. Il est donc possible que la chasse amusante dont je vais vous entretenir vienne à cesser avec une grosse meute et son tapage accoutumé ; cependant, pour mon compte personnel, je me permettrai d'en douter, à moins qu'on use de chiens à vitesse exceptionnelle.

Ces renards, connus dans le pays sous le nom assez énigmatique de *Charbonniers*, ressemblent de tous points, sauf le pelage, aux renards jaunes à ventre blanc que nous avons aussi, et qui, à de rares exceptions près, se hâtent, après une courte randonnée, par des voies plus ou moins directes, de regagner leurs trous. Ces derniers sont-ils les fainéants ou les peureux de l'espèce, ou bien les jeunes, comme le prétend Joseph La Vallée? C'est une question à éclaircir.

Les charbonniers, d'un pelage gris plus ou moins argenté, ne craignent pas de se faire chasser pendant cinq à six heures par des briquets assez vites, et, au bout de ce laps de temps, je dois reconnaître qu'ils tirent moins la langue que l'ami de l'homme (1). Cette chasse est extrêmement pénible pour les chiens, et j'estime que, pour forcer, il serait presque indispensable d'avoir recours à un ou deux relais (2).

(1) Plus heureux que moi, le grand taissonier de France, M. Edmond Le Masson, a vu, en Bretagne, dans la forêt de Liffré, par une chaleur tropicale, un renard qui tirait si fort la langue devant ses chiens de moyenne vitesse, qu'il est tombé, non forcé, roide mort.

(2) Le 31 janvier 1868, mes deux chiens les plus roides ont empaumé à midi, dans le bois de Flammerans, un charbonnier qu'ils menaient encore après huit heures du soir à quinze

A moins d'être serré de très-près, et c'est là le réel et principal avantage des chiens roides (les corneaux feraient merveille à cette chasse), le charbonnier ne traverse les chemins et grandes lignes qu'après une inspection minutieuse faite au nez et à l'œil; vous ne le tirerez donc pas, en général, si vous êtes posté à mauvais vent, si vous fumez, si vous ne conservez pas une immobilité complète, si vous n'êtes pas bien masqué, et si enfin la teinte de votre costume ne se fond pas avec celle du bois.

C'est dans les petites lignes et sentiers, à proximité de fossés, de mares ou de dépressions de terrain, que vous aurez le plus de chance de raccourcir l'animal, surtout si vous connaissez son habitude invariable de rebattre ses voies, et si, profitant de cette donnée certaine, vous allez de suite vous poster, en vous masquant de votre mieux, sur un point où on l'a déjà vu passer.

Une fois là, tenez-vous prêt à faire feu, notamment lorsque vous entendrez les pies et les geais

kilomètres du lancer. L'un d'eux, rentré à Auxonne le lendemain, sur les neuf heures du matin, succombait, au bout de quelques jours, des suites d'un violent flux de sang par la vessie; l'ardente et pauvre bête s'était évidemment forcée. L'autre, plus robuste, n'a pas été malade.

caqueter avec colère et vous crier : Voilà l'ennemi !

Ne perdez pas de vue que le renard saute prestement et d'un seul bond tous les faux-fuyants et
petites lignes ! Au moindre bruit, ayez donc l'arme
prête et le doigt sur la détente.

Pour traverser une grande ligne ou un chemin,
opération que le renard redoute fort, il n'hésitera
pas à se couler sous un pontceau, voire même
un pont, surtout si les abords boisés sont bien
garnis de ronces, etc. Le cas échéant, vous voilà
dûment prévenu.

Cet animal possède une faculté remarquable de
locomotion rapide en arrière, que n'ont ni le
lièvre, ni le chevreuil, ni le sanglier (j'ignore si
le loup l'a aussi, j'inclinerais à le croire) ; c'est,
lorsqu'il arrive pour passer une grande ligne ou
un chemin qu'il explore anxieusement en ne montrant que le bout de son nez, de pouvoir, à la
moindre découverte suspecte, disparaître très-
vite à reculons sous bois, sans être obligé, pour
se dérober, de faire lestement un demi-tour. Cette
manœuvre, surtout si alors il n'est pas fusillé de
près, lui sauve souvent la vie, parce qu'en général (chacun sait ça), le tir en tête est, à une certaine distance, fort rarement fructueux.

Le pelage du renard charbonnier se fonce en vieillissant ; j'en ai vu devenir presque noirs, dit Edmond Le Masson, qui déclare que les portées ne sont pas de sept à huit, comme l'affirme à tort Leverrier de la Conterie, mais seulement de quatre à six petits.

Tandis que les renards roux installent invariablement leur progéniture sous terre, les charbonniers ne la déposent jamais que dans d'épais buissons, dans des tas de fagots ou sous des moules de bois.

Enfin, il va sans dire que les charbonniers et les roux ou jaunes s'accouplent indifféremment ensemble ; ce qui explique l'extrême variété de pelage que nous rencontrons.

De près, on peut rouler un renard avec du plomb n° 4 ; mais, en hiver, la fourrure étant bien garnie, je conseillerai le n° 2 d'abord, et puis le 0, pour tirer au-delà d'une quarantaine de pas.

J'allais oublier de dire qu'Edmond Le Masson affirme *de visu* qu'un renard, manqué dans un terrier qu'on défonce, se remet très-difficilement sous terre.

Pendant que je tiens le rusé compère par sa longue queue, je vais vous exprimer mon opinion

sur quelques histoires qu'on trouve à son sujet
dans les ouvrages cynégétiques.

« Quand un renard, dit Leverrier de la Conterie,
« dans l'*École de la chasse aux chiens courants*,
« se trouve incommodé des puces, il prend dans
« sa gueule gros comme les deux poings de mousse
« et va se mettre sur le cul dans l'eau ; il s'y en-
« fonce peu à peu, afin de leur donner le temps
« de gagner le poil sec, de sorte que, se plon-
« geant ainsi par degré jusqu'au bout du nez,
« toutes ses puces se retirent dans cette mousse,
« qu'il laisse tomber à l'eau, pour aller ensuite se
« sécher au soleil. Ceci n'est point une fable. »

Malgré l'autorité de Leverrier de la Conterie,
je suis, comme Elzéar Blaze, fort incrédule à ce
sujet, d'abord, parce que la recette ne me semble
guère efficace, les renards qu'on tue étant presque
tous remplis de vermine, et puis ensuite parce
que je sais la profonde répugnance de cet animal
pour les bains froids, qu'il ne prend que contraint
et forcé.

« La renarde porte environ soixante jours et
« fait sept ou huit renardeaux (1), tantôt plus,
« tantôt moins ; elle les met au monde dans le

____

(1) J'ai dit plus haut que le maximum était de six.

« terrier le plus profond (1). Quand ils ont un
« mois, elle les fait sortir au bord du trou, et les
« allaite au soleil, couchée de son long. C'est alors
« que le père et la mère sont continuellement à
« la chasse et détruisent beaucoup de volaille et
« de gibier. Ce qu'il y a de remarquable, c'est
« qu'ils ne font aucun tort aux voisins du terrier
« où sont leurs petits, dans la crainte de les dé-
« celer; d'où vient ce proverbe : *Jamais renard*
« *n'a chassé sur son terrier.* »

Il m'est impossible, à mon grand regret, de
partager cette opinion si affirmative de l'illustre
auteur de l'*École de la chasse*, parce qu'il est à
ma connaissance que les volailles des fermes ou
habitations situées près des terriers sont exploi-
tées en toutes saisons par les renards, qu'ils aient
des petits ou non. C'est donc encore un proverbe
menteur.

En voici un autre : *Il est fin comme un renard!*
que Leverrier confirme en disant : « Si vous lui
« tendez un piége, il l'évente; » à quoi je répondrai d'abord qu'*on ne prête qu'aux riches*, et ensuite que le loup est *bien plus fin*, puisqu'il ne se

---

(1) Edmond Le Masson affirme qu'ils choisissent les terriers
moyens ou petits. C'est mon opinion.

prend guère au piége allemand, qui réussit fort
bien avec le renard, grâce à la fameuse amorce
si préconisée par A. d'Houdetot dans sa *Petite
vénerie.*

Passons maintenant à la chasse de concert que
feraient ces rusés animaux, d'après ce dernier
auteur cynégétique.

« Je ne soupçonne pas précisément, dit-il, les
« renards de se concerter ensemble pour chasser,
« mais de se rallier à la voix d'un confrère, et de
« rameuter instinctivement ou de guetter au pas-
« sage. Toutefois, ce n'est pas en poursuivant
« ainsi le gibier qu'il a le plus de chance de s'en
« rendre maître, c'est en le surprenant au gîte. »

Jusqu'ici, rien de mieux, mais continuons :

« Un jour, ou plutôt une nuit, car il faisait un
« superbe clair de lune, j'entendis un renard qui
« chassait à voix et se dirigeait de mon côté.
« Blotti dans une cépée, à proximité d'un carre-
« four, j'étais merveilleusement placé pour ob-
« server la scène. En effet, je vis passer un lièvre
« sur lequel s'élança, mais sans succès, un autre
« renard, que je n'avais pas aperçu, placé à l'affût
« sur son passage.

« Cette manœuvre, conforme aux mœurs et
« coutumes de ces animaux, n'avait rien de bien

« extraordinaire. Mais survient le renard faisant
« l'office de la meute, qui s'élance sur son cama-
« rade, et le rosse d'importance, sans doute pour
« le punir d'avoir manqué son coup. »

Je ne vois rien d'extraordinaire à ce qu'un renard, qui entend venir la chasse d'un confrère, et
peut-être même, grâce à sa finesse d'ouïe, le pas
de la bête de meute, se mette au guet pour la
saisir au passage, comme aussi à ce que le renard
chasseur rosse d'importance le voleur qui va sur
ses brisées et tente de lui enlever son gibier. Il
va donc sans dire que je refuse nettement d'ajouter la moindre foi à l'accord préalable des deux
larrons.

Je terminerai cet article, déjà bien long, par un
fait de chasse très-récent, qui me remet en mémoire que notre grand taissonier de France a vu
un renard poussé vivement aller se fourrer sous
un générateur de sucrerie.

Le 2 février 1868, un renard charbonnier,
chassé avec ardeur par les chiens de M. Rigey,
négociant à Lamarche-sur-Saône (Côte-d'Or), et
peu désireux, paraît-il, de se terrer, sort du bois
pour se lancer dans la plaine, comptant sans doute
mettre ainsi la meute en défaut. Mais, serré de
fort près et perdant la tête en se voyant gagné de

vitesse, le pauvre diable se précipite tête baissée dans le village, traverse une cour, grimpe dans un grenier et se blottit sur une maîtresse poutre. Le propriétaire de la maison, effrayé de ce vacarme, appelle ses voisins; on s'arme en toute hâte, on gravit l'escalier, et maître renard, sur lequel les chiens font un ferme étourdissant, est bientôt découvert. C'est à qui lui portera les premiers coups; aussi le malheureux tombe-t-il bien vite au milieu des toutous, qui l'étranglent en un clin d'œil.

LE NEZ DU LIÈVRE

Je viens de lire *l'Art et les plaisirs de la chasse au lièvre*, six lettres adressées à une personne de qualité, par John Smallman Gardiner gentl. (1), et je ne puis m'empêcher de vous dire mon sentiment sur les opinions plus ou moins hasardées que cet écrivain anglais y émet touchant l'ouïe et surtout le nez de cet admirable petit quadrupède.

Il n'est pas un chasseur au chien courant qui n'ait vu un lièvre de meute venir de loin tout droit sur lui, en plaine ou au bois, en piquant

(1) Ce livre, traduit de l'anglais par Léonce de Curel, sur l'exemplaire de M. Huzard, de l'Institut, est de MDCCL. On le trouve chez E. Dentu, Palais-Royal, 15 et 17, à Paris, ou à Metz, chez le libraire Alcan, rue de la Cathédrale, nº 1, ou enfin au *Journal des Chasseurs*, rue de la Chaussée-d'Antin, 16, à Paris.

une ligne ou un chemin, se faire tuer à brûle-
pourpoint; je crois même, Dieu me pardonne !
que, si le chasseur rigoureusement immobile
avait les jambes bien écartées, parfois le pauvre
animal passerait entre elles. Ce fait singulier ne
prouve cependant pas une privation complète de
vision en avant, car, au moindre mouvement de
l'homme, le lièvre se jette vivement de côté ou
rebrousse chemin.

Voici l'explication qu'en donne Gardiner :

« Les yeux du lièvre sont placés de façon à voir
« mieux et plus vite en plein de chaque côté,
« d'où il ressort qu'un lièvre chassé ou poursuivi
« ne voit pas clairement devant lui, puisqu'il est
« tout tremblant du danger sur ses talons, et qu'il
« met tous ses sens et son instinct à l'éviter. Pour
« mieux atteindre ce but, il n'a donc pas seule-
« ment recours à ses oreilles, mais encore aussi à
« ses yeux qu'il dirige en arrière le plus possible
« et suivant le degré de frayeur dont il est frappé,
« en sorte qu'il ne soupçonne même pas l'ennemi
« le plus apparent qui serait devant lui. »

Certes il y a là dedans un peu de vrai; aussi
j'estime que L. de Curel s'est montré trop dur
pour Gardiner quand il a dit : « Tout ce para-
« graphe est un fastidieux radotage; cette naïveté

« n'est pas aimable, elle est voisine de la sottise. »
Mais si je me montre moins sévère que le traduc-
teur, je ne saurais admettre avec la même indul-
gence ce qu'ajoute assez témérairement l'auteur
anglais : « La nature a, dans une certaine mesure,
« compensé cette privation et aussi celle de l'ouïe
« par un odorat *extraordinaire*. Je ne veux pas
« parler de l'odorat particulier aux chiens, mais
« de celui qui, suivant les chasseurs, consiste à
« prendre le vent ; c'est ce que fait un chien
« quand il relève le nez pour recevoir le vent qui
« lui apporte l'odeur d'une charogne, ou un épa-
« gneul pour recevoir le sentiment d'un oiseau
« tué ; le lièvre a ce talent dans une rare perfec-
« tion. Portez-vous dans un endroit très-reculé,
« et si le lièvre a le vent, vous l'apercevrez rare-
« ment à une distance rapprochée, ou bien, s'il
« vient sur vous hardiment, vous remarquerez
« qu'il changera de direction en temps opportun. »
Je ne chicanerai pas Gardiner sur la privation
de vision en avant, ni sur celle de l'ouïe, parce
que je me plais à croire que cet auteur n'entend
signaler par ces termes trop absolus qu'une privation de moyens relative, et due à une forte
préoccupation de l'animal effrayé, car nous savons
tous que les lièvres usent très-bien de leurs lon-

gues oreilles, et qu'ils entendent parfaitement
dans tous les sens, comme nous savons aussi par
expérience qu'ils voient tous les mouvements qui
se font en avant d'eux. Seulement, je me permettrai de ne pas partager la robuste croyance de
cet auteur à un odorat *extraordinaire* chez le
lièvre. S'il se contentait d'affirmer que cet animal
possède une finesse de nez assez remarquable,
bien qu'inférieure à celle du loup, du renard et
du sanglier, nous serions fort près de nous entendre ; mais aller au-delà de cette concession, est
chose qui m'est défendue par une expérience de
quarante années de chasse.

Passons outre, et arrivons à un paragraphe dans
lequel nous trouverons d'assez bonnes choses :

« Cependant, je dois faire observer que si cet
« heureux avantage le préserve souvent du bra-
« connier à l'affût, et lui fait éviter les piéges du
« tendeur, ce dernier, rusé coquin, fait tourner
« cette qualité à son profit, car, quand il a trouvé
« le lieu où un lièvre se relaisse, et s'il n'a pas
« assez d'engins, filets ou lacets pour barrer
« toutes les issues, dans son incertitude, il souffle
« sur l'herbe, il crache sur les mottes de terre,
« sur les pierres et sur les branchages du voisi-
« nage. Le lièvre alors retourne et méprise les

« sentiers qui ont été salis, pour suivre ceux qui
« le conduisent à une mort certaine. »

Un veneur digne de foi m'a bien souvent raconté qu'un lièvre poursuivi, qui piquait une petite ligne de fort loin et arrivait droit sur lui, s'était arrêté tout court au point précis où ledit chasseur avait suivi cette ligne, et, mettant nez à terre, s'était sans cause apparente jeté vivement de côté. Certes, je ne crois pas à un odorat *extraordinaire* chez le lièvre, mais j'admets volontiers qu'il puisse éventer, surtout quand il a le nez dessus, le pas d'un homme, c'est-à-dire d'un ennemi, et qu'alors une juste méfiance lui fasse rebrousser chemin. Mais tout cela ne me semble guère de nature à le garantir du braconnier à l'affût, tandis que cette faculté le ferait échapper aux piéges et aux lacets, si le rusé tendeur ne prenait pas des mesures efficaces pour dérober son odeur naturelle.

Un célèbre braconnier du Jura, auquel on vantait malicieusement les succès de quelques confrères, un jour qu'il avait caressé un peu trop la dive bouteille, répondit brusquement :

« Vous me parlez d'imbéciles qui vont tendre,
« au bois ou ailleurs, avec des souliers ou nu-
« pieds, et qui touchent les lacets avec leurs

« mains, etc., comme s'ils étaient sûrs que le
« lièvre ne sent rien. Aussi ne prennent-ils que
« fort rarement, et jamais le premier jour. Il est
« cependant si simple d'avoir des sabots aux pieds,
« puis les mains enveloppées; et puis encore faut-il
« ajouter à tout cela, pour couronner l'œuvre et
« dépister l'animal, une bonne friction sur les
« sabots, mains et lacets, faite avec une graisse
« particulière dont la recette... assez! je la garde
« pour moi! et si, par hasard on vous la deman-
« dait... eh bien! vous diriez que vous ne la
« savez pas. » (Historique.)

Leverrier de la Conterie, qui a si savamment
traité du lièvre, ne dit mot de son nez, et il en est
de même de tous les écrivains cynégétiques anciens ou modernes. Quant aux chasseurs, si j'en
juge par tous ceux que j'ai connus, il me semble
plus que probable qu'aucun n'a jamais songé à se
demander si ce petit quadrupède possédait une
certaine finesse d'odorat.

Gardiner a donc eu grande raison de nous signaler ce fait avec ses conséquences, et ce m'est
là un motif de plus pour recommander à tous les
disciples de saint Hubert son bon petit livre, que
j'ai parcouru, pour mon propre compte, avec tant
de plaisir.

UNE VÉRIDIQUE AVENTURE DU PÈRE FOULEUX

(ENVIRONS DE SEURRE, CÔTE-DOR)

Vois-tu ce paysan taillé en hercule et dont la figure respire la méfiance et l'astuce? disait un vieux disciple de saint Hubert au conscrit, son neveu, dans une retraite de chasse; c'est l'aîné de deux frères aussi lurons que lui. Leur nom de famille est Fouleux; ils sont bûcherons et charbonniers, et ont passé leur vie au milieu des bois, dans ces baraques que les coupeurs se construisent eux-mêmes. Eh bien! mon gars, ces Fouleux tuent plus de sangliers à eux seuls que tous les chasseurs de la contrée réunis; leur père, qui est mort âgé, était très-adroit, et c'est lui qui les a formés.

Dans les derniers temps de sa vie, le père

Fouleux avait les deux jambes paralysées : on le portait chaque jour devant sa cabane; là il écoutait les coups de hache des bûcherons, et regardait tomber un à un, avec fracas, les vieux chênes de la forêt.

De temps en temps, un coup de feu retentissait sous bois, et alors Fouleux relevait instinctivement la tête; mais qu'une meute vînt à se faire entendre, le vieillard s'agitait sur son siége, sa figure s'animait, et il maudissait le sort qui le tenait cloué à sa place.

Un jour que le père Fouleux était, comme d'habitude, assis devant sa porte et plongé dans ses réflexions, un tonnerre d'aboiements retentit soudain; le vieil invalide tressaillit, un éclair brilla dans ses yeux, et, à la vue d'un magnifique ragot qui fuyait devant les chiens, il redressa son grand corps, mais retomba de suite sur son siége en murmurant : « Je ne pourrai donc pas avant de « mourir en tuer encore un de ces sangliers! »

Puis, apercevant son fils aîné qui suivait la chasse en courant :

« Jean, écoute un peu; Jean, écoute donc !

— Mais, mon père, vous voyez bien que je suis pressé.

— Je t'en prie, arrête-toi un instant.

« — Voyons, qu'est-ce ?

— Donne-moi mon fusil. »

Jean décrocha le fusil et le remit à son père, qui en examina soigneusement les amorces.

« — Approche cette brouette, dit-il ensuite à Jean, et aide-moi à m'y asseoir ; maintenant, conduis-moi à la Queue-de-l'Étang, je veux encore tuer un de ces gredins de sangliers ; il me semble qu'après je mourrai plus tranquille. »

Jean obéit, et, au bout d'un quart d'heure, le père Fouleux, sur sa brouette, était embusqué à la Queue-de-l'Étang. Le vieux Nemrod avait bien deviné : la chasse se rapprochait de plus en plus, et bientôt le craquement des branches annonça au chasseur l'arrivée de son ennemi ; il épaula lentement, et au moment où le sanglier furieux, l'œil en feu et tout hérissé, sortait du fourré, le père Fouleux le frappait d'une balle en plein front ; l'animal s'affaissa sur lui-même ; mais, rassemblant bientôt ce qui lui restait de forces, et ne respirant que la vengeance, il s'élança comme un boulet contre la brouette du braconnier ; celui-ci ne lui laissa pas le temps d'approcher, et une seconde balle dans la tête l'étendit roide mort à ses pieds.

Voilà, mon cher neveu, de quelle trempe était

le vieux Fouleux ; ses fils marchent sur ses traces, et j'ajouterai qu'il vaut mieux les avoir pour amis que pour ennemis, si on désire manger du gibier que l'on chasse.

Il va sans dire que j'ai fait grâce au lecteur du patois du père et du fils.

LES CYGNES DE LA MOSELLE. — LE CAS GRAVE
D'UN JUGE

———

En 1834 et 1835, alors que j'étais sur les bancs
de l'École d'application de l'artillerie et du génie
à Metz, j'ai fort peu chassé, bien que l'envie et
les loisirs ne me fissent pas défaut; mais il y avait
impossibilité presque absolue, d'abord parce que
autour de Metz, en plaine comme au bois, tout
étant loué et bien gardé, pour se livrer à ce plaisir il fallait être invité par l'heureux possesseur
d'une réserve; et ensuite parce que, ne connaissant âme qui vive en cette ville, il allait de soi
que nul ne songerait au pauvre chasseur inconnu
et dépaysé.

Ma seule ressource cynégétique, si je ne voulais quelque peu braconner (n'allez pas jurer que

je n'aie pas au moins une fois succombé à la tentation), consistait dans quelques marécages des fortifications, entre le Pâté et la porte des Allemands, et dans les îlots boisés et garnis de joncs du fond du polygone, presque à la jonction des deux bras de la Moselle. J'y trouvais quelques marouettes et poules d'eau, parfois une foulque. C'était, comme on le voit, bien maigre et bien loin de suffire à la noble ardeur dont j'étais dévoré.

Cependant, un certain jour d'octobre ou novembre 1835, j'eus la chance de faire au polygone une belle et inespérée capture.

Je sortais de tuer une poule d'eau dans un des petits îlots, lorsqu'un gamin vint tout haletant m'annoncer qu'il y avait deux beaux cygnes blancs sur le bras gauche de la Moselle, à environ quarante ou cinquante mètres de la rive bien garnie d'osiers, ce qui rendait leur approche assez facile. Je fouille bien vite dans mon carnier où je ne trouve ni gros plomb, ni chevrotines, mais, ô bonheur inattendu ! six balles rondes : je me hâte d'en couler une sur chaque coup, après avoir eu toutefois la précaution de retirer mes charges de menue grenaille.

Cette opération faite, j'attache mon chien avec

mon mouchoir de poche, et le donne à tenir au jeune homme, en lui recommandant bien de ne le lâcher que quand j'aurais tiré. Puis, m'avançant prudemment, je parviens à me faufiler sans être vu, grâce aux osiers, à environ cinquante mètres des cygnes, et je fais feu de mes deux coups. Un des oiseaux s'envole, tandis que l'autre, blessé, gagne la rive droite, et prend terre après avoir rebuté mon chien.

Fort heureusement pour moi, un pêcheur intrépide traverse à la nage la rivière, atteint le cygne et me le rapporte. Il avait l'aile droite brisée.

Je remarque alors que l'autre ne fait que tourner autour de moi; et, dans l'espoir de le démonter aussi pour avoir la paire, j'attache la femelle blessée aux osiers avec une forte ficelle que me prête le pêcheur, et je me cache de mon mieux. Le mâle vient effectivement passer à une vingtaine de mètres au-dessus de ma tête; je le manque de ma première balle, mais maladroitement je lui loge la seconde en plein corps au lieu d'atteindre l'aile. L'oiseau tombe roide.

Au bout d'une quinzaine, ma femelle blessée était non-seulement guérie, mais si bien apprivoisée qu'elle partageait la niche de mon chien.

En partant, quelques mois après, je la fis mettre

dans les fossés pleins d'eau de l'arsenal d'artillerie de Metz; j'ignore ce qu'elle est devenue.

Malgré ce succès cynégétique inespéré qui me fit quelques jaloux parmi mes camarades chasseurs, je quittais, en janvier 1836, avec une très-grande joie le pays Messin et les bancs de l'école, pour aller attendre dans ma famille, à Auxonne, d'abord ma nomination de lieutenant, et, avec une bien plus grande impatience encore, l'ouverture de la chasse, sachant d'avance que je resterais en congé jusqu'à la fin de septembre.

Pour remplir un devoir de famille et me distraire en même temps, je me rendais fin mai chez un mien oncle à la mode de Bourgogne, qui était juge de paix à Vauvillers (Haute-Saône), et, en outre, l'un des plus intrépides chasseurs qu'il m'ait été donné de connaître.

Je trouvai l'oncle Dubuisson très-préoccupé, et je le compris parfaitement dès qu'il m'eut dit la désagréable position dans laquelle il se trouvait.

Quelques jours avant mon arrivée, il était en train de dresser un jeune chien d'arrêt à la caille *verte* dans la prairie, lorsque survient le garde-champêtre (il y avait évidemment là une vieille rancune en jeu; car, à cette époque, on était plus que tolérant pour les choses de chasse dans la

Haute-Saône) qui lui déclare procès-verbal. Le juge, tout surpris, s'excuse de son mieux, invoque les tolérances habituelles et essaye en vain de faire comprendre au garde combien ce procès-verbal l'ennuiera à cause surtout de sa qualité de *magistrat*. En désespoir de cause, voyant que rien n'y fait, il commet l'imprudence de lui offrir avec bonhomie les cinq ou dix francs qu'il avait dans sa bourse. Le garde refuse et consigne cette offre sur son procès-verbal, si bien que voilà le pauvre juge qui se voit sous le coup d'une poursuite judiciaire, pour tentative de corruption d'un fonctionnaire public par un autre fonctionnaire public, ce qui peut le mener tout droit en cour d'assises. Mandé, au bout d'un bon mois de transes cruelles, à la cour royale de Besançon, il y recevait une verte mercuriale et l'avis formel qu'en cas de récidive, il serait impitoyablement destitué. Pas n'est besoin de vous dire qu'on ne l'y reprit plus; il avait eu trop peur !

TABLE DES MATIÈRES

CINQUIÈME PARTIE

RÉCITS DE CHASSES EN FRANCE ET EN CORSE

Evreux, A. HÉRISSEY, imp. — 1868.